地市级
现代智慧配电网
规划

姚艳　谢宇哲　主编

中国电力出版社
CHINA ELECTRIC POWER PRESS

内 容 提 要

本书主要介绍地市级现代智慧配电网的规划技术及应用，系统阐述了现代智慧配电网的内涵、关键技术、规划方法与实践路径。全书共 6 章：第一章现代智慧配电网建设概述，介绍了高质量推进现代智慧配电网建设含义，以及如何以数字化技术建设"数智化坚强配电网"；第二章现代智慧配电网的关键技术，介绍了数字化配电网的发展背景、特征与内涵，以及配电网的数字化转型；第三章现代智慧配电网的实践基础，介绍了数字配电网的物理基础、技术创新、场景应用；第四章现代智慧配电网的规划策略，阐述了数字化配电网的规划思路、规划流程，数字化电力需求预测，"源－网－荷－储－充"协同规划，网格化向场景化转变；第五章现代智慧配电网规划典型案例，给出了源储充一体化新型配电网规划和高效互动新型配电网规划两种典型案例；第六章对现代智慧配电网建设进行了展望。

本书适用于从事配电网规划、设计、运行与管理工作的技术人员，也可作为高等院校电气工程、能源互联网等相关专业的参考教材。

图书在版编目（CIP）数据

地市级现代智慧配电网规划 / 姚艳，谢宇哲主编.

北京：中国电力出版社，2025.5. -- ISBN 978 - 7 - 5198 -

9997 - 4

Ⅰ．TM76

中国国家版本馆 CIP 数据核字第 2025XP7214 号

出版发行：中国电力出版社

地　　址：北京市东城区北京站西街 19 号（邮政编码 100005）

网　　址：http://www.cepp.sgcc.com.cn

责任编辑：穆智勇

责任校对：黄　蓓　王小鹏

装帧设计：王红柳

责任印制：石　雷

印　　刷：三河市万龙印装有限公司

版　　次：2025 年 5 月第一版

印　　次：2025 年 5 月北京第一次印刷

开　　本：787 毫米 ×1092 毫米　　16 开本

印　　张：13.25

字　　数：221 千字

定　　价：80.00 元

地市级现代智慧配电网规划

编写组

姚 艳	谢宇哲	周 盛	李 智	黄继伟	许家玉	林宇峰
竺沁然	朱征峰	贺艳华	陈思培	公 正	韩寅峰	冯怿彬
王 强	龙正雄	胡元辉	秦 桑	庾雅琪	李佩璐	余 彪
车佳璐	查伟强	吴 越	臧兴海	钱芳芳	盛发明	金芳芳
任 凯	舒 静	章晨晨	王 娟	杨 洋	冯青青	朱 鸿

前言

在能源革命与数字革命深度融合的新时代背景下，配电网作为连接能源生产与消费的核心纽带，正经历从传统单向供电网络向智慧化、数字化、互动化供电网络的深刻变革。随着"双碳"目标的推进与新型电力系统建设的加速，配电网的功能定位已从单一的电力分配载体转变为支撑分布式能源高效消纳、多元负荷灵活互动、源网荷储协同优化的关键平台。如何以数字化技术为驱动，构建安全高效、清洁低碳、柔性灵活、智慧融合的现代配电网体系，成为行业亟需突破的课题。

本书立足国家战略需求与行业发展前沿，系统阐述了现代智慧配电网的内涵、关键技术、规划方法与实践路径。同时，深度复盘了地市级供电公司在现代智慧配电网建设领域的实践现状，以"智能化""数字化"为主线，深入解析了配电网数字化转型的技术框架与应用场景。同时，结合"源－网－荷－储－充"协同规划、网格化向场景化转变等创新理念，提出了适应高比例新能源接入与多元负荷发展的新型规划策略，并通过典型案例验证了理论方法的科学性与实践价值。为了避免案例信息泄露，相关图片进行了模糊处理。

本书编写组成员涵盖电力系统规划、数字化技术研发、工程实践等领域的专家学者，兼具深厚的理论积淀与丰富的项目经验。书中内容凝聚了地市级供电公司在配电网数字化建设中的探索成果，力求为读者提供系统性、前瞻性的知识体系。

本书适用于从事配电网规划、设计、运行与管理工作的技术人员，也可作为高等院校电气工程、能源互联网等相关专业的参考教材。期待通过本书的出版，为行业同仁提供切实可行的技术指南，助力我国现代智慧配电网的高质量发展，为构建清洁低碳、安全高效的新型能源体系贡献力量。

限于编者水平，书中难免存在疏漏之处，恳请读者批评指正。

编者
2025 年 4 月

目录

第一章

现代智慧配电网建设概述

第一节　高质量推进现代智慧配电网建设

一、《关于新形势下配电网高质量发展的指导意见》解读

配电网作为重要的公共基础设施，在保障电力供应、支撑经济社会发展、服务改善民生等方面发挥着重要作用。为推动新形势下配电网高质量发展，助力构建清洁低碳、安全充裕、经济高效、供需协同、灵活智能的新型电力系统，国家发展改革委、国家能源局印发了《关于新形势下配电网高质量发展的指导意见》（发改能源〔2024〕187号）（以下简称《意见》）。《意见》提出打造安全高效、清洁低碳、柔性灵活、智慧融合的新型配电系统。到2025年，配电网网架结构更加坚强清晰、供配电能力合理充裕、承载力和灵活性显著提升、数字化转型全面推进；到2030年，基本完成配电网柔性化、智能化、数字化转型，实现主配微电网多级协同、海量资源聚合互动、多元用户即插即用，有效促进分布式智能电网与大电网融合发展。

所谓智能化转型，即高质量推进现代智慧配电网建设。现代智慧配电网是新型电力系统的重要发展方向，它强调通过数字化、智能化手段提升配电网的性能和服务质量。在能源转型和数字化转型的双重背景下，配电网面临着诸多挑战，如新能源的大量接入导致电网的复杂性增加，用户对供电质量和可靠性的要求不断提高，以及电力市场的改革需要更灵活的电网运营模式等。数字化转型为现代智慧配电网建设提供了关键支撑，能够实现电网的可观、可测、可控，提高电网的自适应能力和故障处理能力，促进能源的高效利用和节能减排。

二、数字化转型助力配电网高质量发展

所谓数字化转型，是指利用现代信息技术，如大数据、云计算、物联网、人工智能等，对配电网的各个环节进行全面升级和优化。这包括对电网设备的智能化改造，使其具备数据采集和传输能力；建立先进的通信网络，实现电网数据的实时交互；运用数据分析和预测算法，提高电网的运行管理效率和供电可靠性等。通过数字化转型，配电网能够更好地适应新能源接入、分布式电源和多元化负荷的发展需求，实现源－网－荷－储的高效互动和协同运行。

数字化配电网转型是高质量建设现代智慧配电的关键技术和核心内容之一。它涉及电网规划、设计、建设、运行和维护等各个环节的数字化改造。在电网规划阶段，需要利用数字化技术进行负荷预测、资源评估和方案优化；在建设阶段，要采用智能设备和数字化施工技术，提高工程质量和效率；在运行阶段，通过实时监测和数据分析实现电网的精细化管理和优化调度；在维护阶段，利用预测性维护技术提前发现设备故障隐患，降低维护成本。只有实现了数字化配电网建设，才能真正构建起安全、高效、清洁、低碳、智慧的现代配电网。

第二节　以数字化技术建设"数智化坚强配电网"

2009 年 5 月 21 日，在特高压输电技术国际会议上，国家电网公司首次提出建设以特高压电网为骨干网架、各级电网协调发展、电网结构坚强、智能化技术涵盖电力系统各个环节的"坚强智能电网"发展规划。2024 年 1 月 12 日，国家电网有限公司 2024 年工作会议上提出，加快建设新型电网，打造数智化坚强电网。时隔 15 年，从"坚强智能电网"到"数智化坚强电网"，不仅仅是新时期国家电网有限公司作为我国主要能源企业目标和使命的变化，也是以数字化为代表的各类技术在电网建设领域飞速发展、共谋突破的一个重要缩影。聚焦到配电网领域，即继续以数字化技术为抓手，融合 5G、大数据、人工智能等多元领域，持续深入打造和建设"数智化坚强配电网"。

数智化坚强配电网包含坚强配电网建设、配电网数智化建设及配电网科技创新三部分。坚强配电网建设主要从规划源头抓起，加强顶层设计，优化配电网格局，着力解决电力电量供需时空不均衡等问题，确保配电网网架结构科学、配电设施布局优化、配电网建设衔接有序。配电网数智化建设主要体现为电力流、业务流、数据流、价值流等多流合一，多形态、多主体协同互动，大范围柔性互联、新能源广域时空互补、多品种电源能量互济。通过"大云物移智链"等现代信息技术为电网赋能赋智，实现电网全环节全链条全要素的灵敏感知和实时洞悉，支撑源网荷储碳互动、多能协同互补。配电网科技创新体现为人工智能、边缘计算、数字孪生、区块链、安全防护等数字技术、先进信息通信技术、控制技术与柔性直流、可再生能源友好接入、源网荷储协调控制等能源电力技术深度融合。本节主要介绍配电网数智化建设方法，包含以配电网感知能力提升、配电网基础数据质量提升为主的基础设施建设任务，以数字"电网一张图"建设为主的多流合一建设任务和以配电网智能运检建设为主的综合应用建设。

一、配电网感知能力提升

配电网感知能力提升是数智化坚强配电网建设的关键步骤，为配电网的数字化、智能化提供必要的条件。配电网感知能力提升可以大致分为配电设备感知能力提升、用户感知能力提升、分布式能源感知能力提升和终端通信接入网能力提升四个方面。

（一）配电设备感知能力提升

配电设备感知能力提升包括线路感知能力提升、台区感知能力提升和配电站房及电缆通道感知能力提升三项基本工作。通过感知设备收集的实时数据，可以更准确地了解配电网的运行状态，包括负荷分布、分布式电源出力、设备健康状况、电网稳定性等关键信息。通过实时监测配电网运行环境参数，可以及时发现电网运行中的问题和潜在风险，为配电网的维护和改造提供及时的信息支持。

配电设备感知能力提升主要为实现配电设备实时监控，监测设备运行状态，实现中低压资源可观、可测、可调、可控。其主要工作包括线路感知能力提升、台区感知能力提升、配电站房及电缆通道感知能力提升。

1. 线路感知能力提升

线路感知能力提升主要通过安装电缆线路"三遥"配电终端装置（distribution terminal unit，DTU）和架空线路"三遥"智能开关完成分段、联络、重要用户分界点遥控改造。通过采集配网线路的开关状态、电能、相间故障和接地故障参数，实现配电网线路的可观可测。结合精准控制应用，实现故障定位、故障隔离和非故障区域快速恢复供电等基础功能，以及电网经济运行、电力保供控制、主配协同优化运行等高级功能。

2. 台区感知能力提升

台区感知能力提升主要是开展低压全链路感知建设，安装台区智能融合终端，通过新型营配协同 SCU 终端应用，全面实现台区透明化监测。同时应用"云－管－边－端"统一技术架构，实现低压设备和新能源状态管控，提高配电网低压侧可观可测和弹性能力，提升低压供电可靠性，降低有源配电网运检安全风险。

3. 配电站房及电缆通道感知能力提升

站房感知能力提升建设目的主要为统一站房辅助监测建设标准，明确配置要求、数据安全接入技术路线和运维模式，实现所有开闭所、配电站、环网柜内等环境状态、门禁状态感知。其建设内容需要根据配电站房辅助监控应用现状和需求差异，差异化配置各类站房环境传感设备，在重点区域部署电缆接头监测、智能盖板、地钉、电子放样、微拍等在线监测装置，智能分析配电设备运行工况，提升电缆多维度全息感知能力，实现配电站房远程巡视和智能运维。

（二） 用户感知能力提升

用户感知能力提升与分布式能源感知能力提升对于提升源网荷储运行效率具有重要作用。通过实时监测用户用电数据和分布式能源发电数据，可以更好地进行负荷预测和需求响应，提高电网的运行效率和可靠性。

用户感知能力提升主要为实现用户负荷的实时精准监测，从而调整配电网运行策略，优化电力资源的分配，同时也是用户侧能源管理和需求响应、建设运营虚拟电厂的基础。其主要工作包括提升用户高频采集能力和实现用户全数据采集。

1. 提升用户高频采集能力

提升用户高频采集能力主要通过升级改造低压用户的采集终端，提升采集终端的功能与性能。通过本地双模通信技术的规模化应用，深度挖掘双模通信极限采集能力，建立本地及远程采集感知的"高速公路"，优化采集策略，实现所有客户侧设备 15min 级曲线数据高频采集。

2. 实现用户全数据采集

用户全数据采集可以分为分路负荷监测能力提升及用户负荷监测能力提升两方面。提升分路负荷监测能力通过在高压电力用户分路处加装计量装置和采集设备，具备分路负荷可观可测能力。用户负荷监测能力通过新一代智能物联电能表及本地双模通信技术的规模化应用，重点实现电能表全部事件主动上报、漏电流及温度的状态感知、非介入式客户侧负荷辨识、光伏交互模组及逆变器通信交互、电能质量监测及谐波电能计量等多项功能。实现客户侧用电负荷的多元感知、实时监测和协调控制，有力支撑有序用电和需求响应的精准控制业务。

（三） 分布式能源感知能力提升

用户感知能力提升与分布式能源感知能力提升对于提升源网荷储运行效率具有

重要作用。通过实时监测用户用电数据和分布式能源发电数据，可以更好地进行负荷预测和需求响应，提高电网的运行效率和可靠性。

在低压光伏接入的台区完成光伏微型断路器安装，确保新装断路器、逆变器可接入且具备远程控制功能。协同智能低压分路监测终端（Low Voltage Distribution Monitoring Terminal Unit，LTU）共同组建智能台区透明化监测。实现分布式光伏用户发电功率可观、可测、可调、可控，为低压发电用户实现负荷聚合提供技术支撑，助力低压用户电压质量管理。

（四）终端通信接入网能力提升

终端通信接入网能力提升主要是支持更多、更广泛的感知设备接入，从而实现对配电网状态的全面监控。随着感知设备在配电网中的广泛应用，产生的数据量将大幅增加。提升通信网络的能力，可以确保数据快速、准确传输，对于实现配电网的实时监控、自动化控制、故障快速定位和自我修复等智能化功能至关重要。

终端通信网的接入能力主要是实现各类终端广泛接入的基础，保障配电网全景感知与控制的信息源。终端通信接入网应围绕以专网接入为主、公网接入为辅的原则开展。光纤专网主要承载核心配电网控制类业务，保证高可靠、高安全的信号传输。光纤专网建设应在新建 10kV 电缆线路、10kV 分布式电源接入时同步开展。

二、配电网基础数据质量提升

基础数据是构建数智化坚强配电网的基石，其质量的提升对于确保配电网的智能化、坚强性和可靠性至关重要。高质量的配电网基础数据结合全方位的配电网感知能力，能够实现对配电网的实时监控、故障诊断、智能决策、精确建模和仿真分析，帮助发现电网的薄弱环节，优化配电网运行与建设。配电网基础数据质量提升主要是为实现基础数据图实一致、可看能用，包括海量存量数据的质量治理与增量数据的质量管理两项工作。

1. 存量基础数据治理

存量基础数据治理主要通过营配数据一致性等校核工具，确保数据完整性和规范性。严格落实同源维护的要求，开展存量公线、专线、配变、低压、表箱等全量数据图实一致性治理，实现营配匹配率 100%，推进基础数据质量全面提升。

2. 增量基础数据管理

增量基础数据质量管理需要建立以业务流程驱动数据变更的数据维护模式，提升维护效率和准确性，建立基建过程数字化成果向设备侧"一键移交"的数据维护模式，解决多专业应用间设备、拓扑变更孤立运行和多头维护问题，实现电网资源统一维护、全局共享应用。

三、提升数字"电网一张图"建设水平

"电网一张图"是实体电网在数字空间映射的重要载体，是电网生产、运行和经营业务数字化的基础性支撑，因此提升数字"电网一张图"建设水平是构建数智化坚强配电网的重点。提升数字"电网一张图"建设水平主要分为扩展静态"电网一张图"范围与深化动态"电网一张图"建设两部分。

（一）扩展静态"电网一张图"范围

扩展静态"电网一张图"范围的主要目的是提升海量资源汇聚能力，夯实电网设备、网架数字化应用基础，分为静态"电网一张图"扩展与维护、配电网环境状态模扩展两部分。

1. 静态"电网一张图"扩展与维护

静态"电网一张图"扩展与维护主要工作是基于 SG－CIM 统一标准模型，优化同源维护套件功能，完善从电源、电网到用户的全网资源统一维护入口，建立以业务流程驱动数据变更的数据维护模式，提升维护效率和准确性，解决多专业系统间设备、拓扑变更孤立运行和多头维护问题，实现电网资源统一维护、全局共享应用，具体工作如下。

（1）配电网设备模型扩展。基于电网一张图，拓展分布式电源（如分布式光伏涉及的光伏并网计量箱、光伏并网断路器、逆变器等）、充电桩（站）、客户内部用能设施（包括空调等可调节资源）等新要素模型构建，以及配电终端单元 DTU、故障指示器、台区智能融合终端、LTU（线路终端单元；智能低压故障传感器；分路监测单元；智能低压分录监测单元）、低压智能断路器等二次设备模型的构建，实现静态模型一致性校验功能开发。

（2）优化静态"电网一张图"维护。将同源维护融入业扩报装、居配改造等营配末端融合业务，推动配电网静态模型跟随实体业务自然伴生，配电网静态"电网

一张图"全环节拓扑贯通，实现与实体配电网实时一致。

（3）构建源网荷储资源一张图。建设全域能量管控平台，以配电网、地理信息为基础，开展源、荷、储资源的分层分级汇聚管理，实现各类资源的一屏掌控。开展各类资源的承载能力分析，优化分布式电源、用电负荷、充电桩等接入管理，引导合理布局和有序接入。

2. 配电网环境状态模扩展

配电网环境状态模扩展主要工作是基于电网一张图，汇聚地理信息、空间信息、环境信息、通道信息，建设全维度"地理环境一张图"，具体工作如下。

（1）拓展配电网设备地理位置信息。

1）主动维护，将设备所属小区、行政村等行政区划信息及经纬度坐标地理位置纳入同源维护的范畴，实现配电网源网荷储全要素资源、资产、拓扑连接、地理位置及行政区划等信息的统一管理和共享应用。

2）建立量测数据质量相互验证规则等算法，开发校验工具，实现变电站、中压馈线、台区等供电行政区划的自动分析集成。结合地理位置、用户地址等信息，以及移动采录、无人机巡检等业务应用，校验现场设备位置和所属行政区划的合理性、准确性，校验营配挂接关系、线变关系、户变关系、地理位置等功能。

（2）拓展电缆通道状态环境信息。基于"电网一张图"的同源维护，完善电缆管廊管理模块功能，采集录入电缆通道的数据信息，将地下电缆通道的地理位置、设备信息、环境参数等电缆通道录入，将电缆线路入管入沟。具体分为两个步骤：①配合移动端采录功能的需求提高、功能开发，实现电缆通道、电缆、实物 ID 等数据的采录和维护；②以"管理机制全流程重塑"和"技术应用全方位探索"为中心，提升配电电缆网安全保障能力和设备运营质效。从电缆通道精准录入、电缆井截面 AI 识别、电缆与电缆孔的信息维护等方面提出需求，交由同源维护管控组评审。同步开展电缆入沟管理，确保新增土建入沟率 100%，逐步实现存量电缆断面维护与新增工井维护率。

（二）深化动态 "电网一张图" 建设

动态"电网一张图"建设是在已建成的"静态电网一张图"的基础上，汇聚电网各环节电气量，打造全景汇聚的实时量测中心。下面重点介绍动态"电网一张图"建设中的停电信息可视化建设。

停电信息可视化建设基于静态"电网一张图"，贯通营配调核心业务系统，实现配电网中、低压全链路停电信息交互，实现从中压线路、台区到低压用户表计停电的预警、研判、定位、展示，提升配电网停电事前、事中、事后管理水平。

1. 完善 "电网一张图" 停电管理相关基础功能

整合基于同源维护套件已有的中压配电网设备基础台账，配电自动化Ⅳ区系统已有的中压设备停电管理功能，用电信息采集系统已有的低压表计停电事件的记录、召测功能，以及配电自动化Ⅰ区的电网运行状态，丰富"电网一张图"展示内容。

2. 完善停电 "事前" 管理流程

基于"电网一张图"，加入供电服务指挥系统历史中压设备停电信息、用电信息采集系统历史低压表计停电信息、营销2.0系统用户画像、重要敏感用户标签等信息。将以上三套系统中的各类信息（停电次数、停电时户数、用户画像标签等）汇聚至"电网一张图"中，在配电网设备上分色阶着色展示，同时自动生成中、低压设备用户。

3. 完善停电 "事中" 管理流程

基于配电自动化Ⅳ区系统原有中压停电研判规则，贯通配电自动化Ⅰ、Ⅳ区系统中自动化智能设备各类信息数据。结合营销用电信息采集系统低压表计停电数据，在"电网一张图"中构建集成适用于配电网中、低压于一体的停电事件的配电网全域研判规则，自动研判配电网中、低压故障，展示停电状态，同步推送内外部停电信息及千户停电影响用户信息。

4. 完善停电 "事后" 管理流程

基于"电网一张图"，汇集中、低压设备停电时间（季节）、次数、地点、影响时户数、故障原因等信息，实现自动统计分析功能。

四、配电网智能运检建设

配电网智能运检能够为数智化坚强配电网提供有效的运行维护支持，对提升配电网的智能化水平、坚强性和运行效率具有重要作用。配电网智能运检建设主要通过线上工单等管控方式，强化无人机等新型智能巡检设备应用，建立基于配电自动化设备、适应新型电力系统的运维检修模式。以下重点介绍工单驱动管控方式建设、无人机智能巡检及移动图上作业。

（一） 工单驱动管控方式建设

按 PDCA（计划 Plan，执行 Do，检查 Check，处理 Act）原则将工单划分为指令生成、现场执行、过程管控、评价改进 4 个环节，打造供指中心"数字大脑"职能、发挥供电所"作战单元"作用，实现两者在工单流程中各司其职、分工协作，推动传统供电所自转模式向"后台指挥＋现场精兵"的协同模式转型升级。

1. 推进工单策略精准实施， 实现数字驱动的三大类工单源头策略

（1）来自配电网智能感知信号，经系统综合研判自动生成主动抢修工单、重过载低电压运维工单。

（2）来自主动监盘数据，供指分中心通过无人机巡检监盘、站房监控发现问题，发起特巡、消缺工单。

（3）来自业务数据挖掘积累，在日常工单流程中嵌入分析评估环节，由供指中心完成员工画像、设备画像和用户画像的数据标签积累，基于标签实现差异化运维工单自动生成。

2. 开展运维作业工单驱动应用

通过数字标签实现针对特定运行风险的差异化运维任务一键派单、精准关联具体设备，实现数据驱动自主决策；移动端巡视中调用电网一张图，实现巡视路径的优化和自动标记。

3. 开展抢修作业工单驱动应用

通过系统实现主动抢修和 95598 报修工单的自动下派；实现向移动端推送设备状态、故障研判图，实现故障点路径导航，支撑快速故障巡视。

4. 开展检修作业工单驱动应用

实现检修执行工单与数字化工作票联动，实现一处录入、多处应用。

5. 推进基础数据治理工单驱动应用

基于基础数据治理工单开展图实校核专项巡视，应用移动端实现逐个点位签到确认图实一致、自动图上标记，随特巡结束推送标记结果，在同源套件中生成异动整改任务，在线跟踪整改完成。

6. 开展工单价值挖掘应用

基于工单评估环节开展员工画像、设备画像、用户画像数字标签维护。员工画像应用于班组承载力分析、员工绩效分析；设备画像应用于差异化运维、薄弱点立项改造；用户画像应用于重要敏感用户服务等。

（二） 无人机智能巡检

无人机智能巡检是通过配电网无人机多场景专业化应用推广、网格化自主巡检技术和图像智能识别技术研究，实现配电网运检提质增效。

1. 开展 "无人机＋机巢" 网格化自主巡检

通过配电网"无人机＋机巢"智能装备应用，常态化开展配电网架空线路的智能巡视，解决线路人工巡视有死角、效率低等问题，实现配电网线路巡视远程后台直观展示，减轻基层配电网线路运维人员工作负担。

2. 开展多元图像智能识别应用

基于可见光、红外图像智能识别算法模型，不断应用和提升省级无人机管控平台智能识别模块的准确性。

3. 拓展无人机工程验收领域应用

将无人机计划模块与供服工程管理模块、同源维护套件异动模块打通，在供服系统工程验收阶段推送无人机验收计划，应用无人机完成现场验收照片和杆塔经纬度采集，同步完成改造线路在同源维护套件的异动更新。

（三） 移动图上作业应用

聚焦移动用图作业、作战，推进配电网作业与移动用图融合应用，在手机端、PC 端实现各类保电任务全景穿透的基础上，实现巡视、抢修等业务 100% "ｉ国网"App 应用，展示保供电特巡、值守落实措施点位，完善全过程指挥作战，全面应用于日常运维检修、业扩报装、保供电等业务场景。

1. 推进配电网作业与移动用图融合应用

在配电网巡检、抢修、检修等移动作业任务中推进移动一张图与"ｉ国网"App平台运检业务模块互联互通，提供电网一张图用图服务，支持设备查询定位、路径优化等功能。

2. 推进移动业扩报装应用

打通电网资源业务中台与"ｉ国网"App 平台营销业务模块，将同源维护融入业扩报装、居配改造等营配末端融合业务，为业扩查勘、供电方案答复等客户服务提供电网一张图用图服务；支持基于现场定位位置信息的可开放容量查询、最优电源接入点分析、数据同步同源套件等功能，实现业扩报装流程实时进度查询并闭环。

3. 支撑保电全过程用图指挥

基于电网一张图，在手机端及 PC 端实现各类保电任务的全景穿透，实时获取电网运行状态；通过热力图形式展示特巡、值守等落实措施点位和保供电重要用户运行健康水平、用电检查措施完善情况；接入各类天气、环境等实时接口，结合应急指挥平台完善全过程指挥作战。

（四） 配电网线路智能自愈应用

配电网线路智能自愈应用建设是基于配电自动化一区主站馈线自动化、母线故障处理、主变压器（简称主变）故障处理、全停全转等应用，通过配电自动化主站数据，采用馈线自动化、智能接地试拉、负荷一键转移等智能手段，实现运行方式灵活调节、复杂故障精准研判就地隔离、网络自动重构快速自愈，提高电网供电可靠性。

1. 强化运检业务数智化能力

推动配电自动化实用化应用，打破配电自动化内外网壁垒，开展故障研判可视化、终端管理自动化、指标管控动态化场景搭建，解决目前存在的指标多、管控难、一线班组人员难以获取配电自动化系统信息等问题，推动班组由"被动管控"向"主动执行"角色转变，实现运检业务数智化提升。

2. 提升配电系统智能调控能力

扩展配电自动化系统线路经济运行、变电站母线失压自愈、单相接地故障试拉定位、配电网保护自动整定等配电自动化发展路径，提升配电网故障自愈能力，为调控人员增效减负。

3. 开展用能规律分析

基于配电自动化应用"负荷错峰优化"和"配电网经济调度"功能，针对不同类型用电负荷特征，开展用能规律分析，解决线路负载率高和线损控制难的问题，实现线路负荷错峰优化，确定月度最优运行方式，保障配电网线路可靠经济运行。

鉴于数字化配电网转型在现代智慧配电网发展中的必要性和关键性，本书将围绕这一主题展开深入探讨，详细介绍数字化配电网的内涵和建设基础，以及在此背景下配电网规划思维和方法的转变，并通过典型案例验证本书所提到的数字化配电网规划方法及工具的科学性与有效性。

第二章

现代智慧配电网的关键技术

第一节　数字化配电网发展的背景

一、配电网建设可靠性要求数字化

新时期供需矛盾加剧，极端天气多发频发，高比例新能源的接入增加了系统安全风险，对供电质量和可靠性提出了更高要求。电网需要注重源网荷储协同发展，多层级电网有机衔接，增强电网承载能力，提升防灾抗灾水平。

1. 配电网防灾抗灾能力挑战

近年来，极端天气多发频发，水线北移、旱涝急转、台风北上等新挑战增加了防灾抗灾的难度，单一灾害破坏力加重、各类灾害叠加的风险增大，局部地区电网面临更严峻的考验。因此，需要完善规划设计，完善差异化设防标准，推进坚强局部电网建设，畅通重要用户"生命线"通道，提升自愈能力和应急抢修水平。同时，电力行业需要加强与气象部门的联合研究，提高对气候变化的认识，加强对微气候的了解，通过差异化设防标准提高电网的气候弹性和安全韧性。

2. 高比例新能源接入挑战

受海量分布式新能源发电快速增长的影响，配电网有源化、"潮汐式"供电模式带来反向重过载等问题。需要合理构建纵向主配微分层、横向差异化分群的形态格局，打造分层承载、分级校验、多级协同的一体化枢纽平台，实现分布式新能源、电动汽车、微电网、新型储能、虚拟电厂等交互式多元主体友好接入、安全承载。

二、配电网规划方法转向数字化

传统配电网规划方法主要依托传统人工线下方式进行，这种方法缺乏数字化技术支撑，导致规划效率相对较低。同时，传统配电网规划工作在大多数情景下局限于电力行业内部，无法与城市规划工作进行高效互动配合，因而产生电网规划与城市发展相脱节的现象。再者，随着新能源的大规模发展和大范围应用，风、光、水等可再生能源亟须纳入统一的电网规划中，充分消纳清洁资源，助力碳达峰碳中和目标的实现。当前配电网规划面临的挑战主要体现在以下三个方面：

（1）跨领域数据的融合与建模。配电网规划既涉及电网拓扑、资源等电网数据，也涉及政府控规、招商引资等外部信息，如何将跨领域多源数据引入配电网规划并加以充分利用，是配电网规划工作的一大难点。

（2）面向高渗透率新能源的城市配电网规划。新规划既要考虑新型电力系统特征，也要结合特大城市电网发展特点。在高渗透率新能源接入情况下，城市配电网的规划不仅受规模性新能源集群的时空分布特性影响，还受区域发展、城市空间、社会网络特征等因素制约，城市配电网规划难度也随之增加。

（3）数字化技术在城市配电网规划中的应用。数字化技术的发展提供了丰富的数据，仅仅依靠传统人工分析方式难以挖掘海量数据信息进而开展精细化城市配电网规划。在已有基础上充分结合新型电力系统发展趋势，研发数字化辅助决策工具，是当前配电网规划中亟须攻克的关键技术。

第二节　数字化配电网的理解与阐释

一、数字化配电网的特征

新型电力系统建设需要数字技术与能源技术深度融合、广泛应用。电网数字化转型为配电网带来诸多新可能，具体可以总结为四点：①利用先进的数字传感及物联技术，全面感知和连接多元终端设备，使配电网的广泛互联互通成为可能；②利用云计算、边缘计算等技术，构建"电力＋算力"服务，使配电网的中低压协同计算成为可能；③利用大数据技术统筹源网荷储各环节数据资源，支撑配电网数据综合分析，使配电网的全域"数字孪生"成为可能；④利用人工智能技术，提升配电网运行维护与供电服务智能化水平，使配电网的智能友好互动成为可能。因此，数字化配电网的特征可以概括为通过微型传感、边缘计算、数据融合等技术，增强配电的可观、可测、可调、可控能力，实现配电网"互操作"与"数字孪生"。

（1）可观：电网资源对象的准确视图建模。例如，网络拓扑、地理分布、图模表达是可观的表现方式，在视图模型中可显示对象的状态信息，包括设备台账、运行状态等。

（2）可测：电网对象状态量测的可获取。例如，通过传感量测或交互汇集等手段，实现电网资源对象数据的获取，数据包括运行电气参量、设备状态参量、环境参量等。

（3）可调：电网对象状态在允许范围内基于外输入作用或本地响应进行分级分档或平衡连续等方式调节的能力。如无功补偿、变压器档位切换、分布式发电及充电桩功率调节等。

（4）可控：电网资源对象启停或开关状态基于外输入作用或本地响应进行切换的能力。如开关分合、负荷启停等。

（5）"互操作"：配电系统海量异质设备数据的共享交互和信息的反馈管控。

（6）"数字孪生"：利用物理模型、传感数据、运行历史信息等，构建电网实体的数字副本，实现对物理电网的实时监测、模拟和优化。

二、数字化配电网的内涵

数字化配电网的内涵是通过数字化技术对传统配电网进行升级和改造，实现配电网的数字化、网络化和智能化，以提高电网的运行效率、安全性和可持续性。其内涵主要包括以下四个方面：

（1）物理电网的数字化。通过对配电网的物理设施（如变电站、开关设备、线路等）进行数字化改造，如安装传感器、数据采集设备等，实现对电网状态的实时监控和数据采集。

（2）孪生电网的构建。通过数字孪生技术，创建配电网的虚拟模型，实现对物理电网的仿真和模拟，为电网的运行和管理提供辅助决策支持。

（3）支撑技术的融合。包括微型传感、边缘计算、数据融合等技术，这些技术增强了电力系统的可观、可测、可控能力，从而为构建新型电力系统提供技术支持。

（4）数字化应用赋能。涉及虚拟电厂、聚合商、群调群控等概念的应用，这些应用在数字化配电网中发挥着关键作用，提高了电网的灵活性和效率。

三、数字化配电网的重点方向

随着新能源装机规模的快速增长和绿电渗透率的不断提升，配电网面临着巨大的安全运行挑战。因此，配电网的数字化改造和转型升级势在必行。

数字化和智能化正在加速配电网的业务升级。通过数字化和智能化，智慧配电网的打造成为可能，这将提升电网的绿色安全、泛在互联、高效互动和智能开放能力。同时，数字化和智能化也带来了配电网物联网建设的加速，改善了供电质量，提升了用电服务水平。

目前，数字化配电网建设有 6 个重点技术方向，分别为虚拟电厂协同调控与灵活运营、数字化交直流混合微电网、微能网云边协同运行优化及智能管控、配电网业务资源协同及互操作技术、配电设备健康诊断与智能运维、计量物联感知及融合应用。

第三节　配电网的数字化转型

从传统配电网向数字化配电网转变主要包含基础设施建设、信息与通信技术应用、智能化应用开发及网络数据安全建设四个建设任务。

一、基础设施建设与升级

基础设施建设与升级包括通信网络建设与智能终端建设两部分。通信网络建设的主要工作是推动网络承载能力提升和网络架构优化，扩大传输接入网络覆盖面，解决"最后一公里通信"问题，形成有线＋无线、骨干＋接入、地面＋卫星一体化信息通信网络。智能终端建设主要包括配电网线路建设与配电站房建设两部分，主要建设方法包括部署融合终端、关口表、智能漏保、智能电容器、DTU、FTU（馈线终端装置，配电开关监控终端）、低压监测单元等相关设备。

二、信息与通信技术应用

通过"大云物移智链"等现代信息技术为电网赋能赋智，具体包括：①利用大数据技术对配电网运行数据进行深入分析，为决策提供支持；②构建云计算平台，实现配电网数据的集中存储、处理和分析；③通过物联网技术实现设备间的互联互通，提高配电网的智能化水平。

三、智能化应用开发

通过数字化技术实现实时监测配电网设备状态，评估设备健康程度，实现预测性维护。根据发展规划、安全管控、设备管理、市场营销、电网建设、调度控制、电力交易、经营管理等不同业务需要，开发调度智能辅助决策、灾害预警与主动防御、新能源发电集群协同控制等典型智能化应用。

四、网络数据安全建设

建立完善数据安全管理机制，形成采、传、存、用的全生命周期数据安全管控闭环，依托各类安全监控与隐患排查治理技术手段，加强全链路数据安全智能监控及预警。

第三章

现代智慧配电网的实践基础

第一节　数字配电网物理基础

数字电网是由物理电网、孪生电网和支撑技术共同构成的电网生态系统，采用"微型传感+ 边缘计算+ 数据融合"等技术，推动传统电网实现"全要素、全业务、全流程"的数字化转型。数字配电网物理基础分为配电网基础建设与配电自动化建设两个部分，本节重点对配电网基础建设部分进行介绍。

新型电力系统建设背景下，配电网基础建设需要解决高比例新能源接入下系统强不确定性（即随机性与波动性）与脆弱性问题，充分发挥电网大范围资源配置的能力。未来电网将呈现出交直流远距离输电、区域电网互联、主网与微电网互动的形态。分布式电源按电压等级分层接入，实现就地消纳与平衡。为了适应这些变化，配电网基础建设需要采用标准化的供电模式，构筑高水平的配电网，构建适合我国特点的标准化供电模式，以指导配电网的规划和改造。

电网建设一般可分为初期、过渡期和完善期三个阶段，不同阶段划分的主要依据是地区负荷密度、负荷增长速度及网架情况。研究含微电网的主动配电网、耦合配电网等新型电网各阶段典型过渡模式，对于新型电网的建设和发展具有重要意义。

本节对分布式新能源大规模接入电网的接入方式及接线模式进行分析，提出了新型电网结构形态与相应的调度模式，并根据分布式能源发展趋势形成了典型过渡模式。

注：本节所涉数据等均仅用于讲解和演示，不含真实信息。

一、分布式电源聚集区接线模式分析

（一）高压配电网

分布式电源聚集区存在大量分布式电源，对电能质量要求较高，建议安装电能质量监测装置，密切关注相关指标。接线方式建议选用单链式接线，以达到更高的可靠性。

在网架的局部调整无法保证可靠性要求的情况下，可增加一些临时应急电源的应用，削减配电网投资。在原有风电系统的基础上，增加一定比例的储能系统，利用储能锂电池的充放电特性，结合风能变流器的输出功率，自主出力或吸收风机能量，提高新能源利用效率和经济效益。

（二）中压配电网

分布式电源聚集区为 C 类供电区，网架以架空为主。开展大型活动期间会迎来负荷高峰，为应对大型活动的正常开办，可选用多分段三联络为标准接线，转供能力较强，最大负载率可达到 75%，但联络关系复杂，调度运维不便，可作为特殊时期的应急策略。分布式电源聚集区应急策略接线模式如图 3-1 所示。

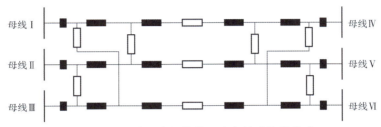

图 3-1 分布式电源聚集区应急策略接线模式

在事件结束后，拆解为一组多分段两联络和一组多分段单联络的简单结构。拆解后的接线模式如图 3-2 所示。

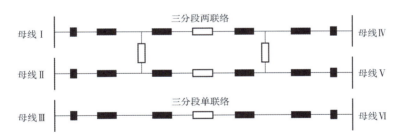

图 3-2 分布式电源聚集区拆解后接线模式

（三）低压配电网

目前分布式电源聚集区 0.4kV 配电网为辐射式供电，必要时相邻低压电源之间可装设联络开关，以提高运行灵活性。

二、重要用户密集区接线模式分析

（一）高压配电网

重要用户密集区包含资源密集的城市供电区及承担重要社会经济任务的重要企业，如钢铁企业等，对于供电可靠性有一定要求，建议选用单链式接线。

（二）中压配电网

重要用户密集区负荷密度较高、较大容量用户集中、可靠性要求较高，可采用双环式结构。

采用双环式结构的电网中可以串接多个开闭所，形成类似于架空线路的分段联络接线模式。这种接线当其中一条线路故障时，整条线路可以划分为若干部分被其余线路转供，供电可靠性较高，运行较为灵活。双环式结构可以使客户同时得到两个方向的电源，满足从上一级 10kV 线路到客户侧 10kV 配电变压器的整个网络的 $N-1$ 要求。在满足 $N-1$ 的前提下，主干线正常运行时的负载率为 50%～75%。重要用户密集区中压接线模式如图 3-3 所示。

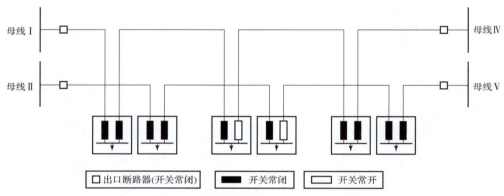

图 3-3　重要用户密集区中压接线模式

（三）低压配电网

目前重要用户密集区 0.4kV 配电网为辐射式供电，必要时相邻低压电源之间可装设联络开关，以提高运行灵活性。

三、基于集中-分布协调控制的新型电网形态

为顺应"双碳"发展目标，各类分布式电源及调控装置将广泛大规模接入新型配电网，导致源网荷的角色定位和行为特征发生根本性变化，进而推动配电系统向新的形态结构演变。与传统配电网相比，新型配电网的主要变化为：①具有间歇性和随机性的分布式能源接入配电网的容量不断增加，包括分布式发电和储能等；②具有不确定性的、分散的用户可通过需求响应、智能电表和多种控制仪器调整自身的用电行为。

国外研究表明，采用灵活可控的环网状配电拓扑结构，可对分布式能源进行灵活调度和管理，实现大量接纳、优化配置、充分利用不同类型分布式能源。此外，一旦局部发生故障，可通过有效的隔离手段和网络重构手段，使配电网受到最小的影响。环状网络对提高系统运行可靠性、优化电能的配置、提高资源利用效率均具有促进作用。将传统的辐射状配电网发展为环形网络，是应对分布式能源大规模接入的重要方式和必然趋势。由于配电网具有多个电压等级，相应的环状结构将具有多层次性。具体可将配电网分为高压配电网、中压配电网和低压配电网三个层次。相邻各层次之间、同层次不同区域之间均可实现互联。

因此，基于复杂系统控制原理，提出新型电网集中－分布式形态。该形态将电网结构划分为集中层、协调层、分布层三层结构，拓展了电网灵活性资源"即插即用""聚散"多状态运行等电网功能。

（一） 新型电网集中－分布式结构形态

按照集中－分布式形态，将整个系统分为集中层、协调层、分布层三层结构，分别体现强、弱、强的系统架构，其中集中层与分布层可以与配电网的供电分区和网格相对应。"双碳"目标下新型配电网的集中—分布式形态如图3－4所示。

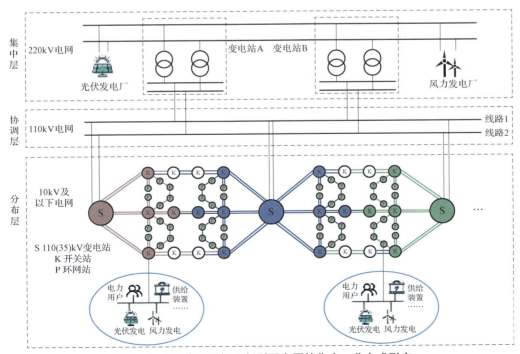

图3－4 "双碳"目标下新型配电网的集中—分布式形态

"双碳"目标下新型配电网的结构从整体上分为三层集中—分布式结构，集中层、协调层、分布层这三层间层次分明，从控制权限上看在权限树上分属不同层级，体现着集中思想，能够增强配电网的整体性，提高资源分配效率。在协调层和分布层，同一层级下可能存在一个或多个电网结构，这些同一层级的电网结构的控制权限在权限树上同层级的不同模块，相互之间没有权限交叉，在结构上也无直接联络，因此相互间是完全独立的，体现着分布思想，增强电网的灵活性，提高可再生能源就地消纳能力，减少弃风弃光。

（二） 新型电网集中－分布式结构形态层级划分

1. 集中层

集中层是集中—分布式形态的最上层结构，一般对应输电网到配电网的 220kV 变电站，一个配电区域就是一个集中层。

集中层的电网结构较为简单，仅为变电站及与变电站相连的出线，一个配电区域根据可靠性要求不同可能有 1 ~ 2 个 220kV 变电站。如果为了保障供电可靠性，考虑故障和维修时的负荷转供，则需要 2 个以上的 220kV 变电站。集中层作为配电网的最上层结构，其故障等的影响范围较广，出现问题后经济损失大，因而集中层的接线模式一般以双链式为宜，保证整个配电网的供电可靠性。

2. 协调层

协调层是连接集中层和分布层之间的结构，一般对应 110kV 线路。根据集中层变电站出线情况、配电网区域大小、复杂程度等，一个集中层下可能有 1 个或多个协调层。

协调层的电网结构一般为 110kV 线路，如果每个分布层电网具有 2 个 110kV 变电站，则需要最少 2 条 110kV 进线。协调层的接线模式可以根据其所连接的所有分布层电网的净负荷密度、功率缺额及可靠性要求确定，但由于其电压等级较高、容量较大，一般需要采用双环网、双链式等可靠性较高的接线模式。

3. 分布层

分布层是集中—分布式形态的基础结构，承担着配电网环节末端功能，一般为 110kV 变电站及与变电站出线端相连的电网部分。每个协调层下都存在多个分布层电网。

从分布层电网整体上看，分布层一般为110kV变电站及下级元件，一条110kV线路（协调层）上存在多个110kV变电站，每1~2个变电站单独构成一个分布层电网，同一分布层就是由一条110kV线路上的多个这样的分布层电网共同构成的。

从分布层电网内部来看，从一个或多个110kV变电站的多条10kV出线共同形成具有不同可靠性要求的接线模式。这些出线在分布层电网内部作为母线，从这些母线上引出馈线作为最后的配电结构。这些馈线在分布层电网内部也可以构成集中—分布式结构，电网内的负荷、灵活性资源都是通过馈线与母线相连。其中对于10kV电缆线路，为满足配电网供电安全性和可靠性要求，同时适应分布式电源广泛接入的发展需求，可采用钻石形接线模式。

四、钻石型配电网

（一）钻石型配电网的组成及特点

钻石型配电网为分层结构，在主干网一层形成以带分段断路器的开关站为节点的双环网，在次干网一层形成以配电站为节点的单环网或双环网。钻石形配电网具有多侧电源的结构，其运行方式灵活，能够有效提高配电网可靠性，提高变配电设备利用率。其结构如图3-5所示。

1. 10kV主干网

10kV主干电缆网以开关站为核心节点，形成双环网网络结构。每组双环网接线含4~6座开关站。开关站开关设备均为断路器，采用单母线分段接线。双环网线路所供负荷能够满足高峰负荷正常方式 $N-1$ 和春秋季负荷检修方式 $N-1$ 需求。

第一级开关站两路电源来自同一变电站不同母线或不同变电站；其他开关站两路电源来自相邻开关站不同母线，且两座开关站之间设两回联络专线，开环运行。如图3-6所示，四座开关站形成双侧电源链式接线。

优点：线路输送容量足够时满足正常方式下 $N-2$ 供电要求，供电可靠性高，负荷转供能力较强，且转供方式较灵活，通过合理调整运行方式可以更合理地均匀负荷，提高供电设备利用率。

缺点：对变电站布点数量要求较高；联络线占用间隔和廊道资源，需增加投资。

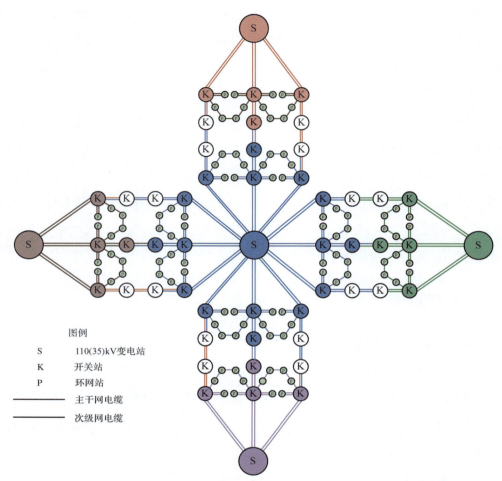

图例

S   110(35)kV变电站

K   开关站

P   环网站

────── 主干网电缆

────── 次级网电缆

图 3-5   钻石型配电网结构示意图

2. 10kV 次干网

10kV 次干电缆网以环网站为节点，由同一座开关站不同母线或不同开关站供出，形成单环网或双环网网络结构。环网站采用单段或两段不联系的单母线接线形式。单环网线路节点数不大于 6 个，双环网线路节点数不大于 12 个。地块内开关站数量大于 2 座时，地块内环网站宜采用双环网接线。开关站供环网站单环网接线如图 3-7 所示。

优点：线路输送容量足够时满足正常方式下 $N-1$ 供电要求，当环网电源来自主干网中不同的环网时，供电可靠性很高。次干网环网中的开关设备除电源开关站出线外无断路器，无需配置继电保护。

缺点：故障定位和故障恢复时间稍长，但处于可接受范围。

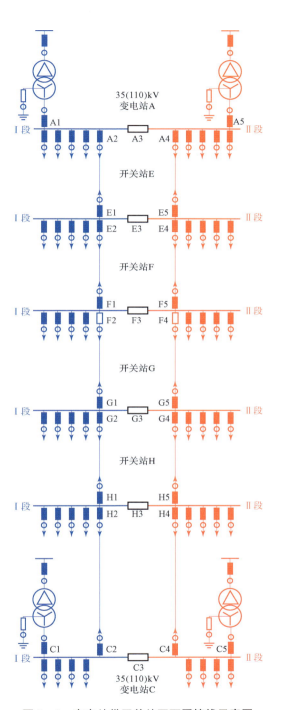

图 3 - 6　变电站供开关站双环网接线示意图

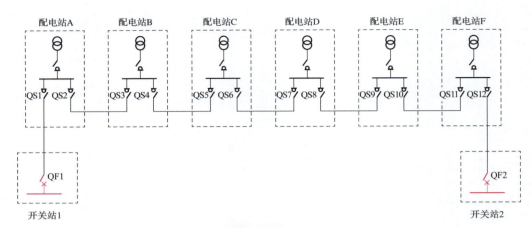

图 3 – 7　开关站供环网站单环网接线示意图

（二）钻石型配电网运行方式

钻石型配电网主干网和次干网分别如图 3 – 6 和图 3 – 7 所示，以下对其运行方式做一说明。

1. 10kV 主干网

（1）正常运行方式：所有开关站 10kV 分段开关热备用，来自变电站的每回电源线路分别供一段 10kV 母线，如图 3 – 6 所示，。在环网两侧的电源变电站负载不均衡时，可以通过选择不同的开环点，灵活调整运行方式，合理调整电源变电站负载率，提高供电设备利用率。

正常运行方式下 $N-1$ 故障时，开关站任一进线电源故障失电，失电母线可通过站内分段开关闭合恢复供电，也可通过 F2 或 F4 开关闭合恢复供电，转供方式较灵活。

正常运行方式下 $N-2$ 故障时，E 站两回进线同时失电，闭合 F 站 F2 开关和 F4 开关完成负荷转供，G 站通过联络线带 E 站和 F 站；也可合上一个联络开关（F2 或 F4），并合上 E 站和 F 站的分段开关完成负荷转供（这种方式需确保 G 站及其电源线路不过载），转供方式较灵活。

（2）检修方式：开关站任一进线电源检修，可通过合上该站分段开关进行供电，也可通过闭合 F2 或 F4 开关进行供电，转供方式较灵活。

检修方式下 $N-1$ 故障时，假设 E 站某一段母线进线电源检修时，安排 E 站分段合上，此时如发生 E 站运行进线故障，可以闭合 F 站 F2 或 F4 开关完成负荷转供，G

站通过联络线带 E 站和 F 站。

2. 10kV 次干网

（1）正常运行方式：环网正常运行方式通常为来自电源开关站的每回电源线向环网供电（如图 3 - 7 所示）。通过选择合理的环网开环点，如图 3 - 7 中 QS6，合理调整电源开关站负载率，提高供电设备利用率。

正常运行方式下 $N-1$ 故障时，配电站任一进线电源故障失电，可以通过配电自动化系统或人工检查后定位故障点，完成故障隔离后，可通过闭合 QS6 对非故障区域恢复供电。

（2）检修方式：配电站任一进线电源检修，可通过闭合 QS6 进行供电。

检修方式下 $N-1$ 故障时，由于此时开环点无法在检修结束前闭合，故障点至开环点之间将会失电，但是失电范围局限在次干网的局部区域。对于双环网形式的次干网，配电站还可以通过低压临时联络的方式应急供电。

（三） 钻石型配电网接入分布式电源的优势

在以负荷开关作为操作和保护电器的双环网中，在该网络中任意一点故障，包括双环网中分布式电源联络线以外的负荷线路，因负荷开关不具有切断故障电流的能力，都无法有选择性地切除故障，即故障切除只能通过上级变电站出线断路器或分布式电源出口处的断路器完成。因此，分布式电源接入双环网并网运行后，即使发生在分布式电源联络线以外的故障（甚至是其他用户），也将迫使电源脱网，扰动结束后进行再并列。如果分布式电源的运行需要的辅机系统在脱网后失去电源，那分布式电源将被迫停机。这一过程对于和生产工艺有关联的分布式电源尤其不利，例如余热发电等。

采用断路器接入公用电网时，如果继电保护配置和整定运行得当，能实现故障的有选择性切除，可以有效避免上述情况的发生。

钻石型配电网为分层结构，在主干网一层形成以带分段断路器的开关站为节点的双环网，在次干网一层形成以配电站（负荷开关）为节点的单环网或双环网。钻石型配电网具有多侧电源的结构，其运行方式灵活，能够有效提高配电网可靠性，提高变配电设备利用率，同时具有良好的分布式电源接入能力。

1. 接入开关站

在主干网一层，开关站能接纳旋转电机类型（同步电机类型、感应电机类型）

分布式电源。通过配置完善的继电保护和安全自动装置，实现有选择性切除。

2. 接入配电室

在次干网一层，配电站能接纳变流器类型分布式电源。这个类型的分布式电源，其短路电流值与额定电流值相比增加较小，通常短路电流值为额定电流值的 1.5 倍左右，继电保护进行故障检测比较困难。在多数情况下，发生故障时流经设备（母线、开关、电缆）的短路电流低于设备的额定电流。因此，继电保护可以按照单侧电源电网进行配置及运行，从而简化二次系统。并且故障发生时，系统侧继电保护或安稳装置有选择性切除故障，分布式电源解列，此时变流器配置的孤岛检测装置检测到孤岛，从而关断变流器。

五、集中－分布式新型电网形态调度模式分析

对于"双碳"目标下新型配电网的调度是基于其集中—分布式结构形态的三层调度模式，具体模式见表 3－1。

表 3－1　　　　　　　　　"双碳"目标下高弹性配电网三层调度模式

电网层级	集中层	协调层	分布层
调度范围	完整配电网	完整/部分配电网多个所属分布层电网	单一分布层电网
边界条件	无	集中层发电计划	协调层发电计划
目标	经济性、可靠性	经济性、可靠性能源就地消纳	经济性、可靠性能源就地消纳

集中层负责整个配电网区域的调度工作，根据下层协调层汇总的电力电量信息，以配电网区域经济性或可靠性为目标，制定从输电网获取电能的计划及不同协调层电网之间的能量交互计划。

协调层负责所覆盖区域的调度工作，根据实际情况不同，该区域可能是全部或部分配电网的分布层电网。协调层根据下层所属全部分布层电网的电力电量信息，以配电网区域经济性或可靠性为目标，以可再生能源发电就地消纳为导向，制定发电计划并协助完成不同分布层电网之间的能量交互。当协调层无法做到区域内电力

电量平衡时，可以将功率（能量）缺额（余额）上报给集中层电网，由集中层进行再调度。

分布层作为集中—分布式形态的最后一层，起到连接电网与用户的末端功能，担负着电能分配的最终任务。分布层根据运行时的实际情况，以集中层或协调层制定的发电计划为边界条件，以分布层电网内部经济性或可靠性为目标，以可再生能源就地消纳为导向，制定发电计划，并将功率（能量）缺额（余额）上报给协调层进行再调度。

六、集中—分布式新型电网形态下的可再生能源消纳能力分析

"双碳"目标下新型配电网的可再生能源消纳是基于其三层调度模式完成的。

可再生能源以分布式发电形式接入分布层电网中，在此处首先完成第一级消纳，消纳的范围为分布层电网。分布层电网的运行管理单元，即执行级，会根据内部发电量的多少参与上级电网调度，优先消耗内部可再生能源所发电能。当可再生能源发电不满足分布层电网消耗时，从协调层调度电能，当可再生能源发电多发时，向协调层传输多发电能。

协调层是完成第二级消纳的电网层级，消纳的范围为整个或部分配电网。协调层的运行管理单元，即协调级，会优先满足所属分布层电网的内部消纳。当有分布层电网电能不足时，优先由协调层内其他分布层电网供给；只有当整个协调层电网电能均不足时，才从集中层调度电能。同理，当有分布层电网电能超发时，先由协调层内其他分布层电网消耗；只有当整个协调层电网电能均超出负荷时，才向集中层输送电能。

集中层是完成第三级消纳的电网，消纳的范围是整个配电网，通过制定合理的计划，使配电网所发电能均在配电网内部消耗，电能不足部分从上级输电网调度，尽量减少向输电网传输电能的情况发生。

七、新型电网各阶段典型过渡模式

智能电网综合研究计划 ELECTRA 以 E-highway2050 所做的情景研究为基础，提炼出了未来电力系统七项无可争议的发展趋势：①发电单元将从传统的可调度单元向间歇式可再生能源过渡；②发电单元将从中央输电系统向分散的配电系统大幅

过渡；③发电将从几个大型发电机组向大量小型发电单元过渡；④用电量显著增加；⑤电能储存技术会为系统辅助服务提供高性价比的解决方案；⑥无处不在的传感器将大大增加电力系统的可观测性；⑦大量快速响应的分布式能源能够提供电力储备能力。21 世纪以来，我国开始进入第三代电力系统的发展阶段，伴随着负荷增长和化石能源等不可再生资源的大量消耗，可再生能源发电量将逐步提高，预计到 2050 年可再生能源发电占比可达 67% 左右，成为电力系统的第一主力电源。在这种大背景下，提出含微电网的主动配电网和耦合协同型配电网两种过渡模式。

（一）含微电网的主动配电网

含微电网的主动配电网可以看作以集中式为主、分布式为辅的结构，其将分布式发电供能系统以微电网的形式接入主动配电网并网运行，通过主动配电网与大电网并联运行，并与大电网互为支撑，最有效地发挥分布式发电供能系统效能。微电网可通过单点接入主动配电网，多个微电网与主动配电网形成联合运行系统，能够减小分布式电源直接接入配电网而产生的不利影响，提升电能质量水平，并提高分布式电源的利用效率。

为提高主动配电网对分布式电源的消纳能力，增强与用户之间的互动性，应用微电网技术的主动配电网需要具备新的特征，主要包括：①含不同种类分布式电源和储能的微电网广义负荷；②结合微电网系统主动管理各类负荷，主动协调控制具有不同发电特性的分布式电源，保障优质冷热电联供；③具备适应主动配电网与微电网特点的能量管理系统（EMS），结合发电预测、负荷预测、需求分析、综合效益分析、电能计量等信息优化资源配置和运行状态，进行发电、配电、用电协同管理，实现优化运行。

根据 T/CEC 5006—2018《微电网接入系统设计规范》，微电网宜采用单个并网点接入系统。当有两个及以上与外部电网的并网点时，在并网运行时，应保证只有一个并网开关处于闭合状态。

微电网接入的电压等级应根据安全性、灵活性、经济性原则，以及微电网与系统之间的最大交换功率、导线载流量、上级变压器及线路可接纳能力、所在地区配电网情况，参照表 3 - 2 确定。当高、低两级电压均具备接入条件时，可采用低电压等级接入，但不应低于微电网内最高电压等级。

表 3 - 2 微电网接入电压等级

微电网与系统之间的最大交换功率 P_N	并网电压等级（V）
$P_N \leq 8kW$	220
$8kW < P_N \leq 400kW$	380
$400kW < P_N$	10kV

结合钻石型配电网对不同容量用户的接入位置的要求，针对不同容量的接入 10kV 电压等级配电网中交换功率大于 400kW 的微电网，给出相应的微电网建议接入位置，如表 3 - 3 所示。

表 3 - 3 微电网建议接入位置

单回接入容量 S_N		推荐接入位置
$S_N \leq 800kW$	可靠性要求一般	单环网环网站
	可靠性要求较高	双环网环网站
$800kW < S_N \leq 6000kW$		双环网开关站
$S_N > 6000kW$		变电站直供

图 3 - 8 为含微电网的主动配电网中压典型结构，该结构形成了独立电源模式、微电网模式、微电网之间互联互动模式等多种模式共存的主动配电网，能量管理系统统一调度控制，分布式电源与主动配电网之间、微电网与主动配电网之间、微电网与微电网之间互为支撑，能量双向流动，信息互动交流，能保障高质稳定供电，显著提高电网的经济性和可靠性。

该电网形态下的能源利用体系特点如下：

（1）能源生产中化石能源比例明显下降，可再生能源成为主力能源之一。并且，可再生能源的生产呈现多种形态，除了可再生能源发电之外，可再生能源产热、可再生能源制氢得到发展，可再生能源分布式生产的比例大增。

（2）在负荷侧，电动汽车成为城市的主流，并且多能互补的应用普遍，大型商业广场、写字楼、医院、居民建筑楼宇等广泛应用冷热电三联产等实现能源的综合利用。能源产消者广泛形成能源消费、生产多元化、共享化。

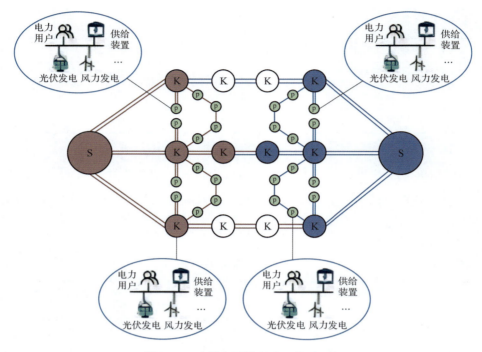

图 3-8　含微电网的主动配电网结构

（二）　耦合协同型配电网

耦合协同型配电网的基本形态为集中–分布式，依据大系统分解协调理论，按照电压等级将配电网分为不同层级的耦合单元，配电网各部分均有备用线路，在局部出现故障时可以实现替换，提高可靠性；同时以集中式与分布式相结合的决策方式进行统筹调度，提高效率。

该形态依托大规模分布式能源，通过设计适应多种运行状态下的电网结构和稳定运行控制策略，可实现电网正常状态下全网的协调运行、紧急状态下对大电网的主动支撑、崩溃状态下低压配电网的自主运行、恢复状态下配电网的并网协作。当低压配电网有大量可控、不可控的分布式电源，或有充足的储能设备时，这种配电网形态可以加强各低压配电网的自主性，完成自主规划运行方案的设计，将结果作为反馈量传递到上级电网，上级电网结合低压配电网的决策方案及各低压配电网之间的联系要素，完成整体方案的可行性验证，将调控方案作为协调变量传递到各低压配电网，形成双向反馈协调机制。图 3-9 为耦合协同型配电网的结构示意图。

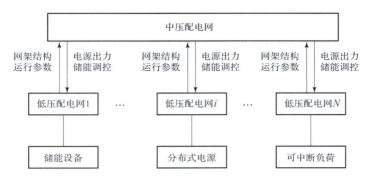

图 3 - 9 耦合协同型配电网结构示意图

该电网形态下的能源利用体系特点如下：

（1）能源利用结构发生大的转变，可再生能源成为能源生产主力，占比超过50%，分布式能源普遍发展，能源获取渠道广泛。

（2）在负荷侧，人们可借助于分布式能源实现自身部分能源需求，如移动设备耗电等。能源消费无处不在，能源产消一体化，自消费模式广泛存在。

第二节　数字化配电网技术创新

数字化配电网技术创新主要体现在人工智能、边缘计算、数字孪生、区块链、安全防护等数字技术与能源电力技术的深度融合，实现电网全环节、全链条、全要素的灵敏感知和实时洞悉，从而支撑源网荷储的互动、多能协同互补。目前规划层面数字化配电网技术创新主要包括电网仿真技术及"网上电网"规划平台。

一、信息物理融合仿真模拟

电网仿真技术是确保电网安全稳定运行的关键，通过模拟和分析电力系统的各种情况，为电网的规划、建设和运行提供科学依据和技术支持。为适应数字化配电网建设，需要建设适应多种新型源荷与大规模物联设备接入的配电物联网物理信息交互仿真平台，提升配电网规划与运行效率。

（一）完善配电物联网信息物理仿真框架

扩展交直流混合配微电网等新业态下的元件模型，针对实际配电网从规划至运行的形态转变造成面临的新问题、新场景进行系统建模，支撑数字化配电网建设。

（二） 完善配电物联网典型通信状态仿真方法和交互模型

对新型电力系统用电侧物联设备大规模接入下造成的通信结构复杂、标准不统一、数据安全等问题，优化电网在实际运行过程中通信异常状态下的物联控制方法，辅助定位设备掉线问题根源，可使一线运维人员在实际运行过程发生通信问题时有据可依，提升供电可靠性。

（三） 支撑配电网运行控制策略分析

完善适用于新型电力系统虚实结合仿真方法，基于电网资源业务中台，建立适应多种新型源荷与大规模物联设备接入的配电物联网物理信息交互仿真的动态推演能力，解决配电网复杂工况的运行场景分析能力不足的问题。

二、"网上电网"电网发展业务平台

（一） "网上电网" 平台简介

"网上电网"是国家电网有限公司重点部署推广的电网发展业务平台，全面应用智能规划、高效前期、精益计划、精准投资、自动统计等业务场景构建电网发展导航一张图，实现发展管理业务单轨化、常态化线上运转。

"网上电网"业务导航图如图3-10所示。

图3-10 "网上电网"业务导航图

"网上电网"基于融合共建理念设计统一集成服务总线，抽取公共功能和共用数据设计发展业务服务和发展数据服务两类公共服务，开发六大类面向发展专业应用的功能集群，灵活构建适用各层级、各专业多业务场景的工作平台（即"126N"架构）。

"网上电网"总体架构如图 3-11 所示。

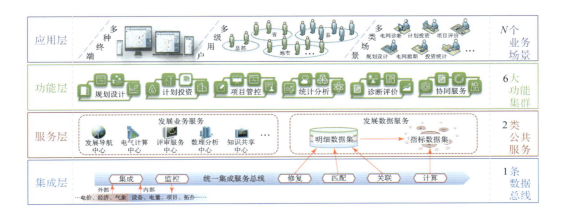

图 3-11 "网上电网"总体架构图

按照"一图、一网、一平台"的思路，通过一网、一图建立"网上电网"的基础支撑，通过统一平台提供分板块、多场景、微应用的专业应用和高级应用构建服务能力。"网上电网"系统架构如图 3-12 所示。

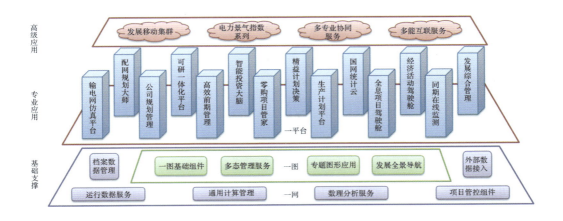

图 3-12 "网上电网"系统架构图

经过近几年的大力建设、推广和应用，已基本实现发展业务数据一个源、电网导航一张图和各典型业务场景应用。"网上电网"主要功能如图3-13～图3-15所示。

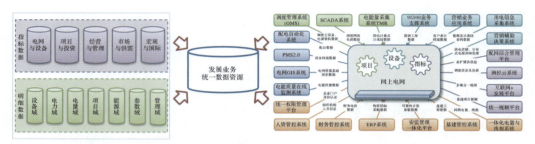

图3-13 "网上电网"统一数据资源图

图3-14 "网上电网"电网一张图

(a)   (b)

图3-15 "网上电网"典型业务场景应用

（a）生产经营分析；（b）任意区域用电分析

（二）"网上电网" 规划模块构成

"网上电网"规划模块涵盖基础管理、电网诊断、规划编制、成果管理、规划前期、成效评价六大板块，包含32项主业务110项核心业务功能。主要涉及以下三个方面：

（1）诊断评估方面，通过集成各专业数据，实现关键指标自动计算、电网问题清单自动生成。

（2）规划作业方面，基于图上作业，自动形成规划库、规划报告、规划一张图、规划里程碑计划。

（3）规划评价方面，规划落地率、问题解决率等评价指标自动计算、发布。

"网上电网"规划模块结构如图3－16所示。

图3－16 "网上电网"规划模块结构图

（三） "网上电网" 规划模块使用流程

通过将规划设计技术导则、规划业务流程及相关管理要求内嵌入系统，形成问题及需求—规划—计划—评价刚性闭环管控机制。主要有以下三个步骤：

（1）基于电网诊断梳理的各类电网问题，形成电网问题库。

（2）基于电网问题、用户及电源接入需求，分级开展电网规划作业，形成"四个一"规划成果体系。

（3）基于规划开展前期、计划等工作，自动评价电网规划落地情况、电网问题解决情况。

"网上电网"规划模块使用流程如图3－17所示。

图 3 – 17 "网上电网"规划模块使用流程图

第三节 数字化配电网场景应用

数字化配电网场景应用是在数字化配电网物理基础与技术创新的基础上，基于高比例分布式新能源利用、电动汽车有序充放电、多专业业务融合等典型场景的综合应用开发，是实现新形势下配电网高效、智能运行，提高整体的技术水平和业务效率的关键。本节主要对数字化配电网场景应用开展简单介绍，分为分布式电源承载力提升、源网荷储充一体化应用、车网互动、配电网工程全过程管控、"规建运一体化"新型业务管理机制、建设全域能量管控平台 6 个部分。

注：本节所涉数据等均仅用于讲解和演示，不含真实信息。

一、分布式电源承载力提升

随着分布式光伏等新能源发电装机规模的快速增长，配电网对分布式电源的承载能力成为一个重要问题。针对分布式电源承载力提升，可以依托网上电网和新能源云，基于分布式光伏及储能数据，聚焦海量分布式光伏零碳能源发展问题，面向多元社会投资主体，构建"新能源+储能"数字地图，拓展分布式光伏及新型储能服务功能，实现分布式光伏资源识别及效益时序测算，完成新型储能投资测算及规模评估，提升分布式光伏的应用率，推动新型储能商业应用。

（一） 分布式电源负荷预测应用

基于分布式光伏用户和自备电厂高频采集，获取海量负荷、电量数据，融合季节、气象因子、区域、电量信息等关键影响因子，构建不同时间周期的新能源负荷预测模型，通过聚类分析方法，开展发电负荷、用电负荷、用电净负荷的负荷特性研究，实现分布式新能源出力和净负荷的精准预测，以及自备电厂电能信息的实时监控。

（二） 提升分布式光伏的应用率

提升分布式光伏消纳能力主要是针对分布式光伏高渗透率线路和台区，汇聚多源监测数据，构建"网源一张图"，开展分布式光伏运行情况全景监测、平衡预测及电能质量影响分析，探索分布式光伏无功资源柔性控制，实现分布式光伏最大消纳。

（1） 完成区域全量中、低压分布式光伏可观、可测、可调、可控能力建设，规范分布式光伏涉网保护，消除光伏并网运行带来的人身电网安全、电压越限等问题。

（2） 应用新一代调度技术支持系统和配电自动化系统开展节点电压 AVC 调节，推动分布式光伏逆变器无功调节，缓解光伏无法就地消纳引起的电压越限等瓶颈，提升配电网承载分布式电源能力，实现分布式光伏最大消纳。

（3） 开展分布式电源接入电网承载能力分析评估，支撑配电网新能源有序接入、资源优化配置。

（三） 新型储能商业应用

基于工商企业用户的用电负荷曲线、变压器容量等数据，结合用电趋势预测，构建以储能经济效益为核心的用户侧储能潜力客户挖掘模型和多维度因素的储能潜力客户评价模型，提供完善的用户侧储能数据服务应用，为各类主体参与储能项目提供决策支持，并开展用户侧储能资源聚合研究，丰富供电公司在需求侧响应、市场化售电、辅助服务市场等方面的业务形态和技术手段。

（四） 低压柔性互联建设

在标准网架的基础上，针对城市、工业园区供电容量与供电走廊紧缺及源荷双侧的"不确定性"等问题，采用中压柔性互联技术，支撑线路级功率灵活均衡控制和故障快速转供。在低压源、荷发展不均衡的全域，应用低压柔性互联技术，实现台区间功率互济，促进分布式清洁能源高渗透率台区的清洁能源就近消纳，实现重过载台区的动态增容，提升电网弹性，保障台区的安全可靠供电。

二、源网荷储充一体化应用

源网荷储充作为一种新型的能源系统模式，能将分布式能源、电网、用电负荷和储能系统有机地整合在一起，形成一个综合性的能源系统，从而实现能源的高效利用和优化能源供应与需求的平衡。源网荷储充一体化应用主要包括源网荷储能互动建设、多元资源聚合互动及台区源网荷储就地平衡。

（1）源网荷储能互动平台建设。开展全域能量管控平台与配电自动化主站、聚合商、车联网等客户侧能量管理系统的互联互通，通过平台间的交互实现各类可调资源的接入和控制调节。

（2）多元资源聚合互动。深度挖掘需求侧资源参与电网平衡优化潜力，开展分布式资源聚合互动工程建设，推动区域内用户侧储能、中低压光伏、空调、充电桩等可调资源接入，运用园区级二次能量管理技术提升用户侧能效管理水平和调节能力。

（3）台区源网荷储就地平衡。基于台区感知设备数据和融合终端边缘计算，采用云边协同的控制方式，对台区内的分布式电源、储能、充电桩进行控制调节，解决台区负载不平衡的问题，实现多个台区内的源网荷储就地平衡。基于配电自动化应用控制策略，通过台区内可控资源对配电网运行状态的响应，实现配变台区与配电网的协同运行。

三、车网互动

（一）车网互动技术简介

车网互动，是指新能源汽车通过充换电设施与供电网络相连，构建新能源汽车与供电网络的信息流、能量流双向互动体系，可有效发挥动力电池作为可控负荷或移动储能的灵活性调节能力，为新型电力系统高效经济运行提供重要支撑。车网互动主要包括智能有序充电、双向充放电（Vehicle－to－Grid，V2G）等形式，可参与削峰填谷、虚拟电厂、聚合交易等应用场景。

当充电装置仅具备单向充电能力时，电网调度可采取有序充电方式，将电动汽车视为可控负荷，动态调节其充电功率，以实现电网对电动汽车充电负荷的控制。而当充电装置同时具备充电和放电功能时，电动汽车动力电池可同时作为分布式的储能单元，以支撑电网的运行。通过动态控制电动汽车充放电功率，可有效降低大规模电动汽车充电对电力系统运行的负面影响，实现提高电网运行经济性、安全性等目标。

图 3 – 18 是电动汽车在目的地停车充电后，参与充电的原理示意图。其中图 3 – 18 (a) 为无序充电过程，即电动汽车接入电网后立即开始充电直至电池充满。图 3 – 18 (b) 有序充电过程，当电动汽车接入电网后，由于其停车时间长于其所需要充电的时间，电动汽车可以在一定的控制策略下，选择以合适的功率、在合适的时段（如低电价、低负荷时段）充电，从而降低电动汽车车主的充电费用或对电网的负面影响，甚至为电网提供削峰填谷、调频、备用等服务。

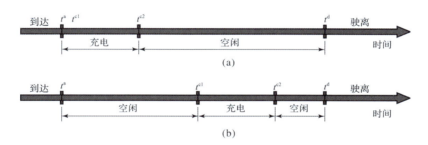

图 3 – 18　电动汽车充电控制示意图

（a）无序充电；（b）有序充电

电动汽车通过 V2G 技术与电网互动的原理与有序充电原理类似，只是在 V2G 技术的支持下，电动汽车不仅可以从电网充电，也可以向电网放电。在相同的车辆规模下，电动汽车通过 V2G 技术与电网互动的灵活性更大，产生的安全、经济效益更加显著。

（二）　车网互动对配电网的作用

电动汽车与电网互动的主要目标包括削峰填谷、提供辅助服务（调频、备用等）和促进新能源发电消纳等。

通过有序充放电控制，电动汽车易于实现对电网基础负荷的削峰填谷。相关研究表明，大量电动汽车在无序充电情形下，夜间充电高峰负荷将可能与系统原有的夜间高峰负荷重叠，这将进一步加大系统负荷的峰谷差。通过电动汽车有序充放电实现削峰填谷，可以有效降低由电动汽车接入产生的电网和电源扩容需求，从而节约电力系统的投资成本。另外，也可降低电网运行的成本，提高电网运行的可靠性。在用户侧实行分时电价的情形下，利用有序充放电还可利用电价较低的时段进行充电，从而有效降低电动汽车用户的充电成本。

伴随着新能源产业的大规模发展，风力发电、光伏发电在所有装机容量中的占比不断提高，系统净负荷波动性增大，电网调峰、调频需求随之增加。通过有序充放电控制，电动汽车能够向电网提供调频和备用等辅助服务，相较于传统系统的调频和备用资源，电动汽车参与系统辅助服务具有响应速度快、调节灵活的优势。虽然电动汽车总负荷在电力系统中占比不高，但是通过调频和备用等服务的杠杆作用，规模化电动汽车灵活充放电负荷可以有效促进大量的新能源消纳。

（三）车网互动控制策略

按照控制方法的不同，车网互动的控制可分为集中式控制、分布式控制、分层式控制三类。集中式控制是指在一个控制中心汇总各电动汽车的信息，由控制中心集中决策各电动汽车的充放电计划，并直接对电动汽车充放电功率进行控制的方法。集中式控制思路简单清晰，策略易实现，但在电动汽车大规模接入的情况下，面临巨大的通信与计算压力。分布式控制是指电动汽车的充放电计划在本地进行决策的控制方法。分布式控制方法适用于解决大规模分散电动汽车的优化控制问题，计算负担轻，但也存在通信成本高或难以实现全局最优控制等局限性。分层式控制兼具集中式控制和分布式控制的优点，将大规模电动汽车互动控制问题转化为规模较小的电动汽车集合的内部互动控制问题或多个控制中心之间的协调优化问题，减轻了通信压力，降低了优化问题的规模和求解难度。

在规模化电动汽车接入的场景下，对不同区域电动汽车充放电功率进行协调控制是十分必要的。集中式控制方法可以考虑全局信息，做出最优决策。然而，集中式控制方法又受到系统通信能力、计算能力、数据隐私的制约。基于分层式架构的控制方法，通过分层分区控制，结合了分布式控制与集中式控制的优点，是实现规模化电动汽车有序充放电控制的可行解决方案。同时，分层式架构的控制方法（见图3-19）又与现有电力调度体系架构一致，易于实施。

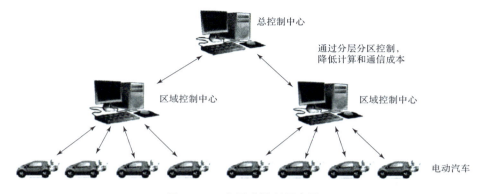

图 3 – 19　分层式控制示意图

基于分层式架构的电动汽车有序充放电控制，以全系统综合运行经济效益最高、降低全网峰荷等为目标，以满足电动汽车用户充电需求，以各分区电网运行安全等为约束条件。

电动汽车有序充电控制分为日前、实时两个阶段。在日前阶段，各不同充电站根据站内电动汽车历史充电需求预测次日充电需求，汇总得到站级总充电需求并上报各区域充电控制中心；区域充电控制中心根据下级充电站预测得到的结果，计算得到区域集合充电需求并上报总负荷控制中心；总负荷控制中心综合考虑网络约束、各区域集合充电需求，优化得到各区域次日指导集合充电曲线。

在实时运行阶段，各充电站实时收集站内电动汽车充电需求，计算实时的充电站集合充电需求，并上报区域充电控制中心；区域充电控制中心优化得到各充电站实时指导充电功率并下达；各充电站根据区域充电控制中心下达的指导充电功率，优化得到站内各个电动汽车连接充电桩的充电状态（可以为启停控制，也可以为充电功率大小控制），从而实现了总、区域、站三级电动汽车有序充电控制。

（四）　车网互动配电网建设重点

1. 大力发展新型充放电基础设施

完善的基础设施建设是车网互动的基础，目前绝大部分电动汽车充电设备都不具备有序充电控制及向电网放电的功能。需要抓住基础设施建设快速发展的机遇期，大力推广智能有序充电设施，新建充电桩统一采用智能有序充电桩，按需推动既有充电桩的智能化改造，为车网互动提供硬件基础设施条件。

要建设完善的车辆与充放电设施通信系统和数据平台，实现电动汽车及其充放电设施网络与智能电网、可再生能源发电等之间的信息和能量的无障碍流通，为车网互动提供软件基础设施条件。

2. 研究应用智能充放电调控技术

实现车网互动需要在接入电网前的车辆导引、接入电网后的充放电控制两个时间尺度上对其充放电行为进行调控。首先，在电动汽车接入电网前，基于智能交通技术，根据交通网、电网的实时运行状态与未来预测数据，通过智能车载终端（或手机 App）向用户发布电动汽车充电价格信号或充电导引信号，引导电动汽车合理、有序地选择充放电设施进行充电，可有效避免充电需求阻塞，提高充放电设施利用率，提高电动汽车参与能源互联网互动的能力。其次，在电动汽车接入电网后，在满足电动汽车出行需求的情况下，对电动汽车实现智能充放电控制。针对电动汽车与电网互动的不同应用场景，研究对应的有序充放电调控策略，实现快速、高效的电动汽车充放电智能控制。

（五）车网互动示范工程

国网宁波供电公司在北仑区建成浙江省首个基于智能融合终端的车桩网柔性互动示范区。在该示范区内，国网宁波供电公司基于融合终端开展充电桩有序管理，研究在现有供配电设施情况下如何应对快速增长的充电负荷。2021 年 4 月，在北仑区春晓街道球山村、双狮村安装了 4 台有序和车网交互（V2G）充电桩，验证充电负荷就地协调控制的可行性。此次基于智能融合终端的车桩网柔性互动示范区建设，实现了梅山街道、春晓街道、灵峰工业园区有序和 V2G 充电桩的全覆盖。

宁波市江北区绿地中心投运了浙江首个 V2B（Vehicle to Building，电动汽车到办公楼宇）场景电动汽车充放电示范站。V2B 将双向逆变式充放电技术应用于商业建筑楼宇。在 V2B 车网双向互动的应用场景中，电动汽车担当电力"搬运工"，为办公楼宇接上移动"充电宝"，统一接受充放电策略的调度，参与电网削峰填谷、需求响应及辅助服务。

四、配电网工程全过程管控

通过"网上电网"平台可以实现配电网工程全过程管控。"网上电网"从发展专业入手，将电网搬上网，打通各专业信息系统，实现数据自动集成，发挥地图实景、电力大数据、人工智能等技术，实现智能规划、高效前期、精准投资、精益计划、自动统计和协同服务，既是规划分析手段的重大突破，也是发展管理业务的重大升级，更是发展作业模式的重大变革。同时，通过场景化、模块化的方式将配电网诊断—规划—接入—建设—运行—评价等全环节业务嵌入统一平台，支撑规划、投资、建设、运营全流程线上作业，真正落实"业务一条线"，推动网上规划电网、网上建设电网、网上运营电网。"网上电网"平台对配电网工程的管控主要包括规划编制模块、成果管理模块与规划前期模块。

（一）配电网项目规划

中压配电网项目规划通过对不同项目类型进行创建、规划作业等功能，实现了对规划项目关联问题及需求统筹，调用对应的合理工期模板，根据规划投产时间倒排形成项目里程碑计划，最终对各单位中压电网规划纳规进展情况进行图、数全方位展示。

中压配电网规划模块由网架类项目、电源（储能）接入配套项目、用户接入配套项目、一般性建设改造项目四个项目类型组成，支撑各个单位中压电网规划项目上图作业，包括项目统计、项目创建、规划作业、投资匡算、里程碑计划、项目确认等功能。

（二）配电网评审纳规

"评审纳规"管理是针对已完成规划编制并确认的项目，通过项目纳规入库审核流程进行流转审核，按项目电压等级经不同单位层级审核后项目获取编码并转入规划库。配电网评审纳规包括（区）县公司申请纳规、地市公司审核、地市公司回退修改、地市公司重新提报、地市公司开启任务、地市公司回退修改六个部分。

1.（区）县公司申请纳规

（区）县单位根据实际需要新增配电网工程项目包，选择需要入库的项目包进行纳规审核校验，通过后提交本单位任务至地市公司进行审核，如图3-20~图3-22所示。

2. 地市公司审核

地市公司针对各（区）县单位提交的任务（包括任务下项目包的投资、容量和线路长度规模）逐一进行审核，该类任务下的全部（区）县单位提交的任务审核通过后，地市公司提交本单位该类任务至省公司进行审核，如图3-23~图3-25所示。

图 3-20 任务管理列表

图 3-21 分单位任务列表明细

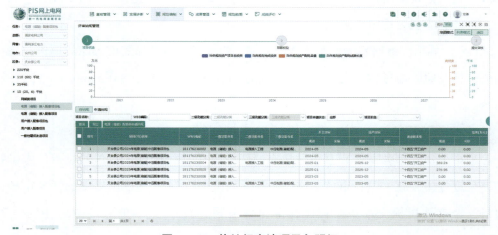

图 3-22 待纳规申请项目包明细

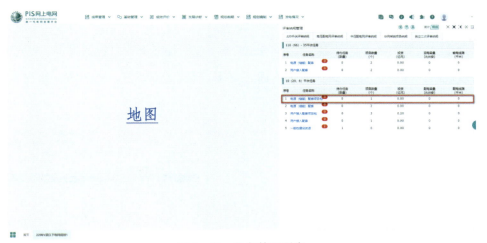

图 3 – 23   任务管理列表

图 3 – 24   分单位任务列表明细—全部

图 3 – 25   分单位任务列表—评审中

3. 地市公司回退修改

地市公司针对各（区）县单位提交的任务（包括任务下项目包的投资、容量和线路长度规模）逐一进行审核，审核不通过可退回任务至（区）县公司，如图 3 - 26 所示。

图 3 - 26　分单位任务列表—任务退回

4. 地市公司重新提报

省公司针对审核通过已发布的地市任务，可将地市任务再次退回地市公司重报，地市公司再根据需要将（区）县任务退回重报。任务退回后，任务下的项目将从规划库移出至优选库，如图 3 - 27 所示。

图 3 - 27　分单位任务列表—重新提报

5. 地市公司开启任务

省公司针对审核通过已发布的地市任务，可将地市任务再次开启（开启新的项目入库审核），地市公司再根据需要对（区）县任务进行开启。任务开启后，下级单位可进行新项目的入库审核，如图 3 – 28、图 3 – 29 所示。

图 3 – 28　分单位任务列表—开启任务

图 3 – 29　分单位任务列表—评审中

6. 地市公司回退修改

地市公司针对各（区）县单位提交的任务（包括任务下项目的投资、容量和线路长度规模）逐一进行审核，审核不通过可退回任务至（区）县公司。

（三） 规划成果管理

成果管理分为规划项目库和规划里程碑计划两个部分，如图 3-30 所示。

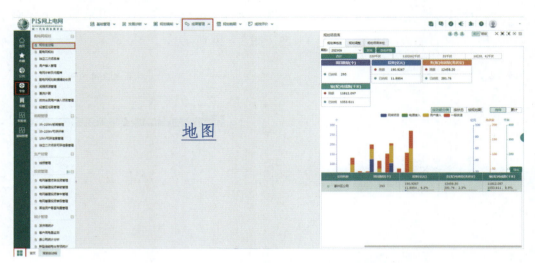

图 3-30　首页—专业—规划全过程—成果管理

规划项目库包括规划库总览、规划调整、规划项目体检及规划里程碑计划四项流程。

1. 规划库总览

规划库总览的主页面可以查看所属区县公司的各个月份的已纳规的项目数量、投资、变（配）电容量和输（配）电线路等数据及图表，如图 3-31 所示。

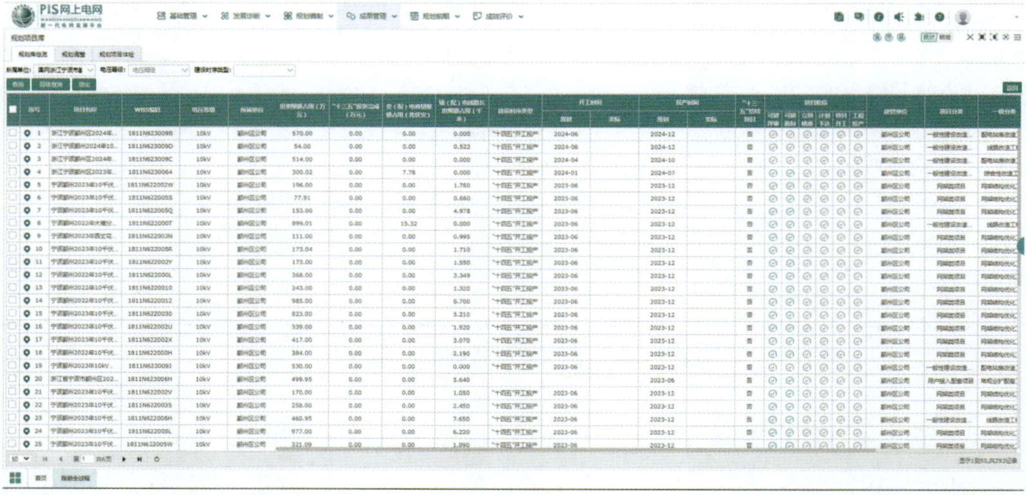

图 3-31　查看所属区县公司已纳规项目的详细信息

2. 规划调整

规划调整主要用于可研项目在可研评审阶段前对方案和计划的调整修改，如图 3 – 32 所示。

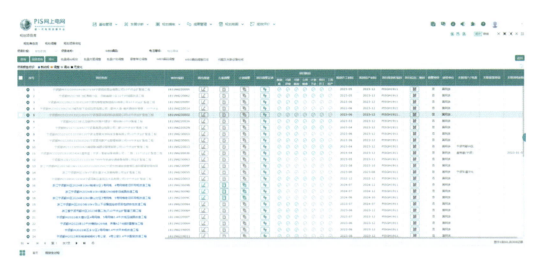

图 3 – 32 对方案和计划的调整修改

3. 规划项目体检

选择校验类别、电压等级、项目类型实时开展规划项目校验，如图 3 – 33 所示。

图 3 – 33 规划项目体检

4. 规划里程碑计划

规划里程碑计划主要用于查看各个阶段的数据，如图 3 – 34 所示。

图 3 – 34 查看各个项目的各个阶段的完成时间

（四） 成效评价

成效评价内的规划落地评价有规划落地率评价、规划—可研规范性监测（见图 3 – 35）、可研—投产规范性监测（见图 3 – 36）三个部分，分别对应规划阶段的工作开展评价、规划实施过程中落地准确性的评价、项目投产后相应问题解决率的评价。

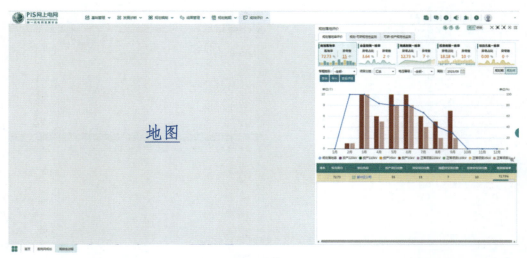

图 3 – 35 可研规范性监测（一）

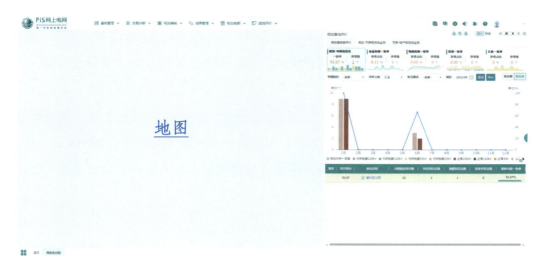

图 3 - 35　可研规范性监测（二）

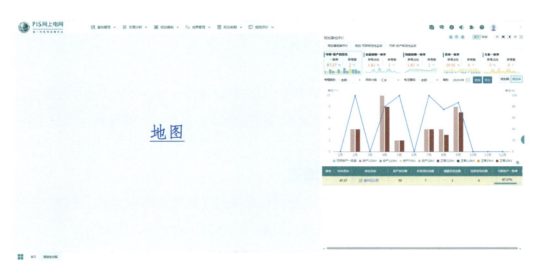

图 3 - 36　投产规范性监测

规划落地率评价采用"年度评价、月度监测"的工作模式，评价指标包括规划落地率、容量规模一致率、线路规模一致率、投资规模一致率、项目方案一致率。

五、"规建运一体化"管理机制

为从根本上解决传统配电网规划中出现的供电范围划分不合理、网络结构不清晰、规划深度不足等问题，在数字化转型的新形势下，需要加强配电网与数字化基础设施的融合发展，进一步应用先进能源电力技术和网络通信、控制技术，提升配电网数字化、自动化、智能化水平，构建"规建运一体化"管理机制的全流程数字化规划体系。"规建运一体化"管理机制就是依托"网上电网""设计造价一体化应用""智慧监理"平台等数字化配电网建设成果，实现规划、建设、运行业务融合构建。

（一）配电网规划数字化管理

配电网规划数字化管理主要是"规建运一体化"。依托"网上电网"规划全过程管理，归集项目建设内容，评估规划、可研落地及偏差情况，推动分区规划工作，实现规划成果线上编制和自主实施，建立"发现问题—规划储备—投资建设—成效评估"的闭环运作机制。

1. 推进项目需求智能生成

依托"网上电网"多专业数据融合功能，整合配电网侧图形基础数据，开展区域网架现状分析，定位电网薄弱环节，形成负面清单。在完成问题诊断的基础上，通过输入负荷预测、规划网架等边界条件，实现供服系统项目需求模块侧项目需求的自动生成。

2. 推动建设落实规划

依托"网上电网"规划全过程管理，归集项目建设内容，评估规划、可研落地及偏差情况，并推动供电所根据属地运行情况和项目建设情况开展分区规划工作，实现规划成果线上编制和自主实施。

（二）工程实施全过程数字化管理

工程实施全过程数字化管理主要是通过配电网工程施工现场应用、工程工艺质量数字化管控系统，深化智慧监理应用，整合配电网工程各环节关键节点信息，助力配电网工程标准化建设管理水平提升。

1. 工程初设管理

依托设计造价一体化应用，基于电网资源业务中台，在线获取设备的运行态电网数据，支撑设计人员线上绘制初设图纸。并于工程设计完成后，实现设备主材清单和工程量信息的同步生成，协助技经人员开展概算编制工作。

2. 工程全过程施工管理

推进施工管控 App 应用，施工前在线收集踏勘数据，自动生成施工方案。施工中，实现设备试验移动采录、施工记录在线留痕、工程缺陷线上管控及施工签证流程管理。施工后，开展远程视频验收，验收资料线上一键整合及归档。验收阶段，对隐蔽工程施工记录、设备安装记录、中间验收记录等资料进行统一归集，实现各类验收业务全部线上流转、资料一键归档。

3. 工程监理在线管控

深化"智慧监理"平台应用，实现施工计划自动生成监理计划，通过移动终端在线填写完成监理工作标准化流程卡，自动生成监理通知单和监理日志，对隐蔽工程施工记录、设备安装记录、中间验收记录等资料进行统一归集，实现各类监理业务全部线上流转、资料一键归档。同时加快推进人机协同过程场景化监管，不断提高管理模式的智能化水平，让监督从有感到无感，全面提升配电网监理水平。

（三）配电网 "三态" 融合建设

配电网"三态"是指配电网的运行态、设计态、建设态。配电网"三态"融合建设是通过现场作业 App、布控球、无人机、单兵等先进装备的广泛应用，创新设计造价一体化、流程签章电子化、工程结算无纸化业务，实现配电网工程建设管理全业务信息采集、全过程流程审批、全要素档案归集，实现投运资料数字化移交，构建运行—设计—建设—运行电网生态。

1. 建立电网规建运各环节图模信息的统一管理和信息流转

打通设计造价一体化软件、供服工程管控模块及同源维护套件系统之间的信息壁垒，统一规建运模型接入要求，形成多环节信息的自然流转。从设计源头推进设备全寿命周期数字化管理，实现设备图模台账的一体化维护、资料数字化移交。

2. 基于设计造价一体化软件主体设计功能，实现 "三态" 电网融合管理

在工程设计阶段获取"运行态"电网地理接线图和设备台账信息，高效辅助线上设计，形成"设计态"电网。在配电网工程作业实施阶段，按照项目施工推进度，选取阶段性投产的"设计态"电网数据，动态更新"建设态"电网数据断面。竣工阶段将"建设态"电网地理接线图和台账信息结构化数据移交至中台，转化为"运行态"电网，实现电网的"三态"转换。

六、建设全域能量管控平台

能量管理系统能够对规划区的源、网、荷、储能系统及新能源汽车充电负荷进行实时监控、诊断告警、全景分析、有序管理和高级控制，满足电网运行监视全面化、安全分析智能化、调整控制前瞻化、全景分析动态化的需求，实现不同目标下

源网荷储资源之间的灵活互动。在多种策略控制下，有利于新能源高效利用、资源合理分配以及微电网的安全与稳定，减少电网建设投资，提升企业的能源利用率，降低运行成本，达到节能降耗的目的。

建议规模以上用户可自建能量管理系统，实现区域内资源有效整合优化。用户自建能量管理系统需接入浙江省全域能量管控平台资源聚合商系统，实现全域能量管控平台合理调节。

（一）系统架构

系统实时采集光伏、风力发电、储能系统、充电桩及传统供配电系统数据进行分析，在保障电网安全稳定的基础上，以经济优化运行为目标，采用基于博弈论的功率协调分配技术，实现分布式可再生能源发电、充电设施、储能设备之间能量的互动融合和灵活调配，促进系统能源消纳，补偿负荷波动，实现需量管理、减小峰谷差、平滑负荷，降低用电成本，提高系统能源投资回报率。能量管理系统架构如图 3 – 37 所示。

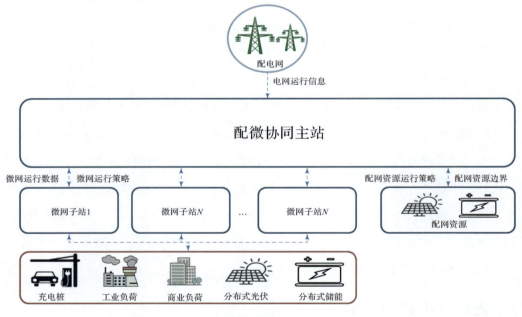

图 3 – 37　能量管理系统架构

（二）系统功能

微电网能量管理系统包括系统主界面（见图 3 – 38），包含市电、光伏、储能、充电桩及总体负荷情况，体现系统主接线图、光伏信息、储能信息、充电桩信息、告警信息、收益、环境等。

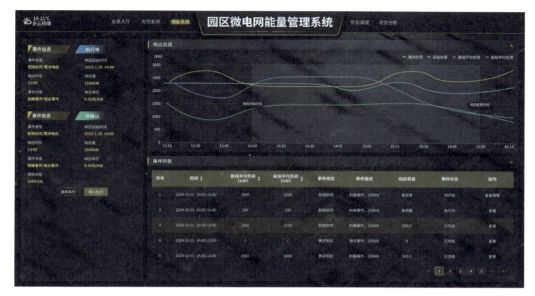

图 3 - 38　能量管理系统交互界面

1. 光伏监控

主要包括：光伏系统总出力情况，逆变器直流侧、交流侧运行状态监测及报警，逆变器及电站发电量统计及分析，并网柜电力监测及发电量统计，电站发电量年有效利用小时数统计，识别低效发电电站，发电收益统计（补贴收益、并网收益），辐照度/风力/环境温湿度监测，并网电能质量监测及分析。

2. 储能监控

重点监控以下数据：

（1）系统综合数据：电参量数据、充放电量数据、节能减排数据。

（2）运行模式：峰谷模式、计划曲线、需量控制等。

（3）统计电量、收益等数据。

（4）储能系统功率曲线、充放电量对比图，实时掌握储能系统的整体运行水平。

3. 充电桩系统

实时监测充电系统的充电电压、电流、功率及各充电桩运行状态；统计各充电桩充电量、电费等；针对异常信息进行故障告警；根据用电负荷柔性调节充电功率。

4. 光伏预测

系统发电预测便于用户对新能源发电的集中管控。

5. 电能质量

对整个系统范围内的电能质量和电能可靠性状况进行持续性的监测。对电压谐波、电压闪变、电压不平衡等稳态数据和电压暂升/暂降、电压中断等暂态数据进行监测分析及录波展示，并对电压、电流瞬变进行监测。

6. 控制策略配置

支持削峰填谷、计划曲线、需量控制、自发自用、动态扩容、防逆流控制等多种控制模式。

第四章

现代智慧配电网的规划策略

第一节　数字化配电网规划思路

配电网是组成整个电力系统的重要环节之一，配电网的规划和建设直接影响了电网经济效益和对电力用户供电的安全可靠。为了应对分布式电源（Distributed Generation，DG）的大规模接入和用户侧多样化负荷增长，以及中低压配电网变得更加灵活、安全、可靠和高效，风能、光能等分布式电源面临更加合理的调配，配电网正在从最初只包含单向潮流的被动控制网或无源控制网转变为具有双向潮流的动态的新型配电系统。潮流的双向流动使得配电网不再仅仅是将电能分配到下级用户的载体，而是汇聚各种离散随机变化量的功率交换系统。

可将新型配电系统描述为：接入海量分布式新能源，降低电力生产环节碳排放，借助灵活的网架、分布式储能、柔性电力电子设备及多元化的灵活互动方式，充分满足电动汽车等新型负荷用电需求，推动电能加速替代。因此，新型配电系统是建设新型电力系统、推动"双碳"目标实现的重要组成部分。

尽管 DG 在可靠性、能源效率和环境友好性等方面发挥着积极的作用，然而，其间歇性和不可控等特性以及对配电网灵活操作的需求对新型配电系统的实现提出了挑战，还需要解决大量技术和监管问题。这在新型配电系统的规划中尤为突出。与传统的配电网相比，在新型配电系统规划中需要解决多元化负荷接入的适应性问题以及高比例 DG 接入下系统强不确定性（即随机性与波动性）与脆弱性问题，充分发挥电网大范围资源配置的能力，按电压等级分层接入 DG，实现就地消纳与平衡。

本节将分别从需求预测（包括负荷预测与电量预测）、电力电量平衡分析、网架规划三个方面，在对传统规划思路进行总结的基础上，进一步分析其对数字化配电系统规划的适应性。

一、传统规划需求预测适应性分析

需求预测包括负荷预测和电量预测两部分，是电力系统规划的重要组成部分，也是电力系统经济运行的基础。任何时候，需求预测对电力系统的规划和运行都极其重要。其中，最大负荷功率预测对于确定电力系统设备容量非常重要，电量预测则是配电网电力电量平衡计算的重要依据。为了构建安全经济、可靠运行的配电网，必须较为准确地预测电力电量需求，准确的需求特性是实现电源、电网及用户多方资源高效利用的重要前提。

传统规划思路中的需求预测方法主要包括确定性预测方法和不确定性预测方法。

（一）确定性预测方法

确定性需求预测方法是把需求预测用一个或一组方程来描述，电力电量与自变量之间有明确的一一对应关系。其中又可分为经验预测方法、经典预测方法、经济模型预测法、时间序列预测法、相关系数预测法和饱和曲线预测法等。若按所使用的数据分类，又可分为自身外推法和相关分析法两类。

自身外推法仅以负荷自身的历史数据为预测基础，通过对负荷历史数据的分析推出负荷变化的规律与特性，并将其变化、发展模式外推而进行未来负荷预测，如常用的水平趋势预测技术、线性趋势外推技术、多项式趋势外推技术、时间序列法等均为该类方法的典型代表。

相关分析法是将负荷与各种社会和经济因素联合起来考虑，即考虑负荷发展与其他社会、经济因素发展、变化的因果作用，通过寻找及建立电力负荷与影响其变化的相关因素之间的关系或数学模型，以此进行预测，如线性回归预测、多元线性预测、非线性回归预测等回归模型预测技术便属于这类预测方法。

时间序列法和回归分析法是目前比较成熟的两大类常规预测方法。

时间序列法将负荷数据当作一个随时间变化的序列进行处理，以这一序列为依据建立合适的数学模型来描述电力负荷变化的随机过程，从而外推进行未来的负荷预测。时间序列分析就是指为建立这样一个合适的数学模型而做的广泛讨论。按照处理方法的不同，该类方法又分为确定性时间序列分析法和随机时间序列分析法两类。常用确定性时间序列模型有指数平滑法、Census－Ⅱ分解法、谱展开法等，其中前两者最为常用。常用的随机时间序列分析法有 Box－Jenkins 法、状态空间法、Markov 法等。

回归分析法是根据负荷过去的历史资料，假定负荷与一个或多个独立变量存在因果关系，通过寻找并建立因果关系的数学模型来进行未来负荷的预测。而这些相关因素则是根据各地区的特点，经过大量的计算分析后选出的。相关因素包括人口、经济变化及国家的产业发展政策、新住宅区建设的趋势、电器用具的饱和度、气象条件、物价对最大负荷与用电量的影响、电价政策对最大负荷与用电量的影响、采取节能政策后对用电量的影响等。常用的回归分析法又有一元回归分析法、多元回归分析法和非线性回归分析法等。

（二） 不确定性预测方法

上述确定性预测方法在预测中利用一个或一组确定方程来描述电量和电力负荷的变化规律，其中变量间有明确的一一对应关系。而实际电力负荷发展变化规律非常复杂，受到很多因素的影响。但这种影响关系更确切地说是一种对应和相关关系，不能用简单的显式数学方程来描述其间的对应和相关。由此产生了一类基于类比对应等关系进行推理预测的不确定性预测方法，为电力系统不确定性因素的处理提供了有效工具，并在实际应用中发挥了很好的作用。

随着新兴学科领域的兴起和发展完善，近年来涌现了许多新的不确定性预测技术，如专家系统法、优选组合预测法、模糊预测法、神经网络法、灰色预测法、基于证据理论的预测法、混沌预测模型、小波预测模型及将模糊理论与神经网络结合的模糊神经网络模型等。其中如神经网络法、模糊神经网络模型、小波理论、混沌理论目前主要用于实现短期及超短期负荷预测，而应用模糊理论形成的众多模糊预测模型和基于灰色系统理论建立的各种灰色预测模型，由于本身具有明显趋势，比较适用于电力系统中长期负荷预测。

（三） 传统预测方法适应性分析

传统的预测方法在仅针对全社会负荷进行预测时可以取得不错的效果，但在针对 10kV 网供负荷进行预测时，由于网供负荷中含有如图 4 – 1 所示的柔性负荷、分布式电源等诸多灵活性资源，仅依赖传统的预测方法无法准确地进行预测，必须采用一种充分考虑到众多灵活性资源所带来的不确定性的新型负荷预测方法。

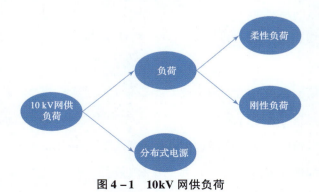

图 4 – 1 10kV 网供负荷

但传统的预测方法仍然可以在 10kV 网供负荷的预测中发挥着重要的作用，新型配电网中的 10kV 网供负荷预测需要借鉴传统预测方法，并探索新型预测方法，将两者结合完成负荷预测。

二、电力电量平衡适应性分析

电力电量平衡是电力系统的核心，对电网规划设计和调度运行具有重要意义。对于配电网来说，电力平衡的地位尤其重要，也是电力电量平衡中最为复杂的一部分。

配电网的电力平衡是确定规划水平年新增变配电容量的主要依据，结合负荷预测结果和现有变配电站容量，并根据容载比导则，确定新增变配电站容量。然而，传统电力平衡方法已经无法适应大量柔性负荷和 DG 的接入。

图 4－2 所示为某地区典型配电网电力平衡示意图，图中实线代表原始负荷预测曲线；虚线代表考虑柔性负荷影响下的负荷曲线。可以看出考虑柔性负荷的影响下，负荷预测曲线发生较大变化，同时对应地区的备用容量、常用机组容量、主变、配变容量都需要重新衡量。目前变配电站容量主要是根据配电网规划导则中容载比计算规则和实际经验确定，随着配电网中分布式储能的增多与分布式新能源的渗透率不断增加，需要提出更加有效的方法，充分地考虑柔性负荷的响应特性、DER 资源的削峰能力。

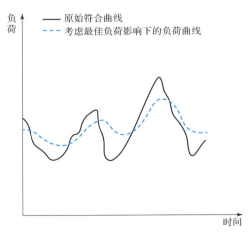

图 4－2　配电网电力平衡示意图

对于配电网的电量平衡，由于传统电量平衡事实上是以网供用电量数据进行电量平衡计算，因此其中已经考虑了分布式新能源带来的影响。其难点主要在于如何对含有大量分布式新能源接入的中低压配电网的网供用电量进行准确预测。

三、 网架规划适应性分析

从经济性和可靠性的角度考虑，配电网扩展规划的数学模型可以分为经济性模型和可靠性模型两种。

经济性模型的目标函数只考虑经济性指标，以确定的可靠性指标——$N-1$ 原则为约束条件之一。常见的方法是首先建立满足正常运行情况的电力网络的架线方式，然后进行断线分析，通过消除断线以后出现的过负荷现象，对网络扩展方案进行修改，直到满足给定的约束条件为止。

可靠性模型的目标函数取可靠性成本和可靠性效益的现值之和。可靠性成本为投资费用，可靠性效益为发电成本费用、网损费用和停电损失费用之和。约束条件包括潮流等式约束、支路容量限制、网架限制等。

无论是经济性模型还是可靠性模型，从灵活性的角度来看，传统的配电网规划一般都是通过选择其中一个预想环境（被认为实现概率最大的一个），采用该环境下已经"确定"的规划参数，求得满足该环境约束的相对经济指标最优的确定性方案。这样的规划方法缺乏必要的适应性，其数学上的最优方案往往由于未来的不确定性因素而使该"最优方案"失去了其最优的意义。事实上，配电网规划确实涉及大量的不确定性，如未来负荷增长大小和位置的不确定性、配电网的扩展费用的不确定性及各种灵活性资源所带来的不确定性。因此，在进行配电网规划时，必须在原有模型的基础上考虑这些不确定性因素对规划结果的影响。

第二节　数字化配电网规划流程

一、传统规划流程

以网格化规划体系将规划区进行网格化划分，以电力需求预测结果，现状诊断的问题，选取典型接线，构建目标网架。

二、数字化规划流程

在网格化规划的基础上，优化规划体系，运用数智化手段，将基团合理匹配、单元有序聚合，开展不同层级规划，最终形成目标网架，如图4-3所示。

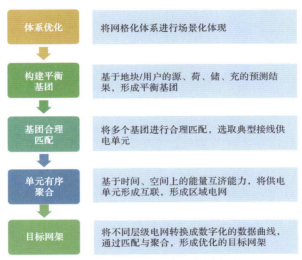

图4-3 数字化配电网规划方法

第三节 数字化电力需求预测

数字化电力需求预测是数字化配电网规划中的基础工作，直接影响到数字化配电网规划的使用性和质量优劣。随着新型电力系统建设的推进，配电网正逐步由单纯接受、分配电能给用户的电力网络转变为源网荷储融合互动、与上级电网灵活耦合的电力网络。因此数字化电力需求预测首先要在传统负荷预测的基础上实现分布式新能源出力的准确预测。本节重点介绍新型配电网的电力需求预测方法，为实现数字化电力需求预测提供理论基础，分为最大负荷预测、负荷曲线预测、网供用电量预测、电力电量平衡四部分内容。

一、最大负荷预测

最大负荷预测，也即最大的网供负荷预测，包括负荷预测与分布式电源出力预测两部分。

（一） 负荷预测

1. 新型配电网负荷分类

不同于仅含传统负荷的配电网，新型配电网中柔性负荷可响应某些调节机制，在一定程度上参与电网调度。由于柔性负荷的出现，原有负荷预测中涉及的最大负荷功率发生了变化。依据负荷可参与电网调度程度不同，将其分为不可控负荷、可控负荷和可调负荷三类。

（1） 不可控负荷即传统负荷，这类负荷用电需求较为固定，是目前配电网负荷的主要组成部分，用 L_1 表示。

（2） 可控负荷主要为可中断负荷，通常通过经济合同（协议）实现。由电力公司与用户签订，在系统峰值时和紧急状态下，用户按照合同规定中断和削减负荷，是配电网需求侧管理的重要保证，用 L_2 表示。

（3） 可调负荷是指不能完全响应电网调度，但能在一定程度上跟随分时段阶梯电价等引导机制，从而调节其用电需求的负荷，用 L_3 表示。

新型配电网整体负荷 L 可表示为：

$$L = L_1 + L_2 + L_3 \qquad (4-1)$$

值得一提的是，电动汽车作为新兴负荷，其负荷特性与充电模式密切相关。对于采用慢速充电、常规充电和快速充电方式的电动汽车，可通过响应阶梯电价的方式参与电网调度，这类负荷属于可调负荷；对于采用在换电站更换电池方式充电的电动汽车，可通过对换电站参与电网调度，这类负荷属于可控负荷。为了表征新型配电网中可调负荷对引导机制的响应程度，定义负荷响应系数 μ，表达式为：

$$\mu = \frac{L_{2A}}{L_2} = \frac{L_{2A}}{L_{2A} + L_{2B}} \qquad (4-2)$$

式中：L_{2A} 表示全部可调负荷 L_2 中能够完全响应某种引导机制（如在高峰电价时主动停运）的部分；L_{2B} 表示不响应该引导机制的部分。因此，μ 可看作是对负荷引导机制调节作用的衡量。

进一步，将可调负荷中可以完全跟随引导机制的负荷归入可控负荷，将无法跟随引导机制的负荷归入不可控负荷。可将新型配电网整体负荷按是否受控角度分为两类，即友好负荷和非友好负荷。为了表征新型配电网中负荷受控程度，定义负荷主动控制因子 λ，表达式为：

$$\lambda = \frac{L_3 + L_{2A}}{L} = \frac{\mu L_2 + L_3}{L_1 + L_2 + L_3} \tag{4-3}$$

λ 即为友好负荷在配电网整体负荷中的比例。各类负荷之间的关系如图 4-4 所示。

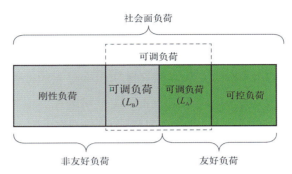

图 4-4　新型配电网负荷分类及相互关系示意图

2. 含友好负荷的新型配电网负荷预测方法

友好负荷是新型配电网中的完全受控负荷，可以根据电网调度和负荷引导机制进行主动调节，为配电网安全经济运行发挥有益作用，这也是新型配电网需求侧响应特性的体现。

在配电网规划中，需求侧响应最重要的作用是削减峰值负荷，从而降低配电网所需设备容量。新型配电网的负荷预测需在全社会负荷预测的基础上再进行友好负荷的预测，从而确定新型配电网下新的峰值负荷：

$$P_{峰值} = P_{社会} - P_{友好} \tag{4-4}$$

式中：$P_{峰值}$、$P_{社会}$、$P_{友好}$ 分别为新型配电网的峰值负荷（非友好负荷）、全社会负荷和友好负荷。

全社会负荷与友好负荷的预测，可采用传统的配电网负荷预测方法对规划区规划年的全社会负荷与友好负荷分别进行预测，将分别预测到的结果相减即可得到规划区规划年峰值负荷的预测。

友好负荷预测中所涉及的指标主要包括：①可中断负荷预期总量；②电动汽车及换电站总量，以及电动汽车分类比例；③可调负荷总量及负荷响应系数 μ。

其中，可中断负荷指标可从负荷行业分类中签订可中断协议的发展预期得到；电动汽车指标可通过远景年电动汽车发展规划得到；可调负荷中的可控部分指标可依据实时电价发展规划，通过试点区域进行一定时期的试运行统计得到，或者参照国内外电价机制较完善的先进规划区借鉴获得。

（二） 新型配电网分布式电源出力预测

1. 分布式电源出力概率预测思路

一方面，新型配电网的负荷预测结果会受友好负荷的主动调节作用影响；另一方面，分布式电源的大量接入会就地平衡部分负荷，同样影响配电网侧的负荷预测结果。而分布式电源由用户投资建设，其总量规模和分布情况是受政府政策引导的市场行为，基本不受电网企业约束。因此新型配电网的规划应充分考虑分布式电源的建设和并网情况，主动适应清洁能源渗透率逐渐增高的趋势。

在此过程中，对规划区分布式电源出力的准确预测至关重要。由于分布式电源出力的波动性，仅用分布式电源的装机容量不能代表其真实出力，因此下面首先对规划区规划年的分布式电源总装机容量进行预测，进而进行总装机容量下分布式电源的可信出力预测。可信出力 P_β 是指分布式电源在一定概率（置信度）β 内至少能够达到的出力水平，例如 $\beta = 90\%$ 时分布式电源可信出力为 $P_{90\%}$，表示分布式电源的出力有 90% 的概率在 $P_{90\%}$ 以上。P_β 可由分布式电源出力的概率密度函数或累计分布函数计算。在此定义分布式电源出力风险度 α，表达式为：

$$\alpha = 1 - \beta \tag{4-5}$$

新型配电网的可靠性水平与 α 相关，因此分布式电源出力的置信度是由新型配电网的可靠性要求决定的。

2. 规划区分布式电源总装机容量预测

分布式电源远景年总装机容量受多种因素影响，但这种影响关系更确切地说是一种对应和相关关系，不能用简单的显式数学方程来描述其间的对应和相关。因此可采用不确定性预测方法之一的灰色预测算法，对规划区规划年的总装机容量进行预测。

3. 单位分布式电源可信出力计算

对于固定的某一地区，太阳光照强度夜间为 0，白天时段近似服从正态分布。因此确定一定的置信度，即可得到光强曲线的可信值。图 4-5 中实线 1 为典型日光强时序变化曲线，虚线 2 表示可信光强曲线，I_α 是对应于某风险度下的可信光强。

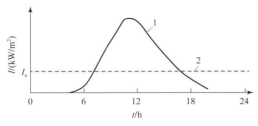

图 4 – 5　可信光强示意图

根据通用的光伏发电模型，光伏出力可近似看成仅由光照强度决定的一元线性函数，因此光伏出力与光强具有近似的分布趋势。下面用全天光伏出力的累积分布函数进行说明，如图 4 – 6 所示。

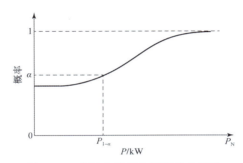

图 4 – 6　全天光伏出力累积分布函数

图 4 – 6 中，α 表示光伏出力的风险度；$P_{1-\alpha}$ 表示风险度 α 对应的光伏可信出力，即光伏出力 P 位于 $[0，P_{1-\alpha}]$ 的概率为 α；P_N 表示光伏额定出力，当风险度达到 100% 时，可信出力为 P_N。设光伏出力的累积分布函数为 $F(P)$，建立如下方程式，即可得到风险度 α 下光伏的可信出力 $P_{1-\alpha}$：

$$F(P) = \alpha \tag{4 – 6}$$

由图 4 – 6 可以看出，对于出力具有显著的昼夜周期性的光伏系统，即使在天气条件良好的情况下，其全天出力仍有 50% 以上的概率为 0，因此在较低的置信度下光伏的可信出力仍然较小。特别是在负荷晚高峰时刻，光伏发电有很大概率不出力，无法发挥削峰作用。

然而如前所述，分布式电源对于新型配电网规划的主要作用是削减峰值负荷，因此规划中更关心的是分布式电源在负荷高峰时刻的可信出力，而不是全时段可信出力。因此，为了充分发挥分布式电源的作用，有效降低配电网所需设备容量，应为分布式电源配置储能装置，在一定调度控制策略下进行能量管理。

图 4-7 是配置储能装置后的光伏系统削减系统峰值负荷示意图。图中曲线 1 表示不考虑光储系统时配电网典型日负荷曲线，两个高峰负荷 P_{am} 和 P_{pm} 分别出现在上午 10 时和晚上 20 时左右，其中晚高峰负荷是全天最大负荷。曲线 2 表示光伏系统的典型日出力曲线。可以看到，未配置储能装置时，光伏自然出力峰值与系统负荷峰值并不吻合。曲线 3 是通过储能装置进行能量管理后，将光伏发电量在负荷高峰时释放而形成的光储系统出力曲线。曲线 4 为经过光储系统削峰后的配电网负荷曲线。

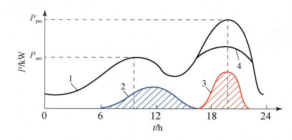

图 4-7　配置储能装置后的光伏系统削减系统峰值负荷示意图

图 4-7 说明，利用储能装置存储光伏发电量，在负荷高峰时段放电，从而使光储系统在负荷高峰时刻具有较高的可信出力，达到削峰目的。经过储能装置存储转移后，光储系统在负荷高峰的可信出力受光伏全天发电量影响。

通过统计规划区历史光强数据，可以预测出光照强度的 Beta 概率分布为：

$$f(E) = \frac{\Gamma(\alpha+\beta)}{\Gamma(\alpha)\Gamma(\beta)} \cdot \left(\frac{E}{E_M}\right)^{\alpha-1} \cdot \left(1-\frac{E}{E_M}\right)^{\beta-1} \qquad (4-7)$$

式中：E 和 E_M 分别为光照强度和光照强度的饱和值；α 和 β 是 Beta 分布的形状参数，它们可根据光照强度的历史数据，由下面这两个式子求得。

$$\alpha = \mu\left[\frac{\mu(1-\mu)}{\sigma^2} - 1\right] \qquad (4-8)$$

$$\beta = (1-\mu)\left[\frac{\mu(1-\mu)}{\sigma^2} - 1\right] \qquad (4-9)$$

式中：μ 和 σ 分别是历史光照强度数据的均值和标准差。

接着，由光照强度的概率密度函数可推得光伏出力的概率密度函数。光伏出力与光照强度之间的关系可表示为：

$$P(E) = \begin{cases} P_{MN}, & E \geqslant E_M \\ P_{MN}\dfrac{E}{E_M}, & 0 \leqslant E \leqslant E_M \end{cases} \qquad (4-10)$$

式中，P_{MN}为光伏发电的额定功率。

最后，将一天内 24 个时刻的光伏出力视为相互独立的随机变量，即可推得单位容量光伏日发电量的概率密度函数。在某一置信度下，单位容量光伏日发电量与负荷高峰时间之比即为该置信度下光储系统的可信出力。配置储能的风机发电系统与光储系统类似，通过控制储能装置在负荷低谷时存储风机发电，在负荷高峰时放出，达到削峰目的。风储系统在负荷高峰时刻的可信出力由风机全天发电量，即由全天风速的概率分布情况决定。

4. 区域规划年分布式电源可信出力预测

结合前文得到的地区分布式电源总装机预测值和单位分布式电源可信出力值，可得到规划区规划年分布式电源可信出力预测模型如下：

$$P_{z\alpha} = P_z \times P_\alpha / P \qquad (4-11)$$

式中：$P_{z\alpha}$为规划区规划年分布式电源可信出力；P_z为规划区规划年分布式电源装机总容量；P_α为单位分布式电源可信出力；P为单位分布式电源装机容量。

负荷预测中得到的峰值负荷减去分布式电源在负荷高峰时的可信出力，即可得到最大的网供负荷。

二、负荷曲线预测

新型配电网中的负荷曲线预测包括传统负荷曲线预测与分布式电源出力曲线预测两部分。在进行预测时，既可以对传统负荷曲线与分布式电源出力曲线分别预测后进行叠加，又可将一段时间内的传统负荷曲线与分布式电源出力曲线看作一个场景，运用场景分析的方法对负荷曲线进行预测。本节所采用的即为基于场景分析的负荷曲线预测方法。

首先利用网供负荷历史数据，采用 k－means 聚类算法进行历史年典型日场景生成，以对分布式新能源出力的不确定性进行刻画。接着采用灰色预测算法对未来年的年均网供负荷进行预测，并根据预测结果计算出网供负荷的年增长率。最后根据历史年典型日场景与网供负荷年增长率生成未来年的典型日场景，并在此基础上进行年持续负荷曲线的预测。

（一）历史年典型日场景生成

多场景分析方法是目前处理配电网源荷不确定性的有效方法之一，通过将难以解析化的不确定性因素表示为若干确定性的典型场景，从而降低模型构建的难度。构建典型场景分为场景生成和场景削减两个阶段。

在场景生成阶段，可取规划区一天中 24 个时刻各节点的风光最大出力与负荷大小作为一个初始场景。

但如果对海量场景全部进行计算，则存在计算量大、计算耗时长的问题。为了降低问题求解过程中的计算量、减少技术耗时，需要将海量场景集合削减到仅含有少数几个最有可能发生的场景的典型场景集，每个典型场景都有其发生的概率，此过程即为"场景削减"。

场景削减的目标是使削减后的场景集求解问题得到的结果与采用原始场景集求解得到的结果尽量一致。一般可以采用 k – means 聚类算法，该聚类算法拥有简单易操作、计算速度快、效率高等优点，并且可以满足场景聚类缩减后的多样性。k – means 聚类算法可以将各个场景根据其各自特征的相似程度聚为不同的类，所有聚类中心的集合即为典型场景集，各类中所含的场景数与总场景数之比即为该典型场景发生的概率。

设指定分类数为 K，其初值为 3，对于给定的 1 年内分小时负荷历史数据 $x = \{x(t)\}$（$t = 1, 2, \cdots, 8760$），历史年典型日场景生成的具体步骤如下所示。

Step1：初始日场景生成。取 1 天内 24 个小时的负荷数据作为一个初始日场景，从而可以得到 365 个初始日场景，每个场景都是一个 24 维的向量，初始日场景集 y 可以表示为：

$$y = \{y_i \mid y_i(t) = x(24i - 24 + t), i = 1, 2, \cdots, 365, t = 1, 2, \cdots, 24\} \quad (4-12)$$

Step2：随机地选择 K 个初始日场景作为初始聚类中心 $\{C_1, C_2, \cdots, C_K\}$。

Step3：计算每一个初始日场景到每一个聚类中心的欧氏距离，计算式如下：

$$dis(y_i, C_j) = \sum_{t=1}^{24} |y_i(t) - C_j(t)| \quad (1 \leq i \leq 365, 1 \leq j \leq K) \quad (4-13)$$

依次比较每一个初始日场景到每一个聚类中心的距离，将初始日场景分配到距离最近的聚类中心所在的类中，得到 K 个类 $\{Q_1, Q_2, \cdots, Q_K\}$。

Step4：重新计算聚类中心，新的聚类中心的计算公式为：

$$C_i(t) = \frac{\sum_{y_j \in Q_i} y_j(t)}{|Q_i|} \ (1 \leqslant i \leqslant K, 1 \leqslant t \leqslant 24) \tag{4-14}$$

式中，$|Q_i|$ 表示第 i 个类中初始日场景的个数。

若聚类结果与上次聚类结果不同，则返回 Step3，反之，则进入 Step5。

Step5：计算各初始日场景到最近聚类中心距离的均值，接着令 $K = K + 1$，若 K 小于等于 10，则返回 Step2；反之，则进入 Step6。

Step6：根据肘方法判断出合适的分类数 k_b，并将其对应的聚类结果输出，计算结束。

最终输出的 k_b 个聚类中心 $\{C_1, C_2, \cdots, C_{k_b}\}$ 即为所求的典型日场景，每个类中所包含初始日场景占总场景数的比例即为对应的典型日场景出现的概率，可用公式表示为：

$$P(C_i) = \frac{|Q_i|}{365} \ (1 \leqslant i \leqslant k_b) \tag{4-15}$$

（二） 网供负荷年增长率预测

场景分析法通过生成典型日场景刻画了分布式新能源出力的不确定性，与此同时，网供负荷也在逐年变化。因此根据年平均网供负荷历史数据，采用灰色预测算法，对未来年的平均网供负荷进行预测，并由预测值计算出网供负荷的年增长率，以刻画网供负荷随时间变化的增长性。

灰色预测的具体步骤如下：

设原始数列为：

$$X^{(0)} = \{X^{(0)}(t)\} \ (t = 1, 2, \cdots, N) \tag{4-16}$$

一次累加后生成的新数列为：

$$X^{(1)}(t) = \sum_{k=1}^{t} X^{(0)}(k) \tag{4-17}$$

则白化微分方程为：

$$\frac{dX^{(1)}}{dt} + aX^{(1)} = u \tag{4-18}$$

式中：a 为发展系数；u 为灰作用量。

解得的预测模型为：

$$\begin{bmatrix} a \\ u \end{bmatrix} = \begin{bmatrix} B^T B \end{bmatrix}^{-1} B^T C \qquad (4-19)$$

$$B = \begin{bmatrix} -\dfrac{1}{2}\left(X^{(1)}(1) + X^{(1)}(2)\right) & 1 \\ -\dfrac{1}{2}\left(X^{(1)}(2) + X^{(1)}(3)\right) & 1 \\ \cdots & 1 \\ -\dfrac{1}{2}\left(X^{(1)}(N-1) + X^{(1)}(N)\right) & 1 \end{bmatrix} \qquad (4-20)$$

$$C = \begin{bmatrix} X^{(0)}(2) \\ X^{(0)}(3) \\ \cdots \\ X^{(0)}(N) \end{bmatrix} \qquad (4-21)$$

则预测值累加数列 $\overline{X}^{(1)}(t)$ 为：

$$\overline{X}^{(1)}(t+1) = \left[X^{(0)}(1) - \frac{u}{a}\right]e^{-at} + \frac{u}{a} \qquad (4-22)$$

经累减还原即可得预测值数列 $X^{(0)}(t)$ 为：

$$\overline{X}^{(0)}(t+1) = \overline{X}^{(1)}(t+1) - \overline{X}^{(1)}(t) \qquad (4-23)$$

设预测所得的第 i 年的平均网供负荷为 L_i，则第 i 年的网供负荷年增长率 α_i 可表示为：

$$\alpha_i = \frac{L_i}{L_{i-1}} \qquad (4-24)$$

（三）未来年典型日场景生成

设历史年典型日场景中所得到的为第 $i-1$ 年的典型日场景 $\{C_1^{i-1}, C_2^{i-1}, \cdots, C_{k_b}^{i-1}\}$，则未来年第 i 年的典型日场景可表示为 $\{C_1^i, C_2^i, \cdots, C_{k_b}^i\}$，其中：

$$C_j^{(i)} = (1 + \alpha_i) C_j^{(i-1)}, \quad (1 \leqslant j \leqslant k_b) \qquad (4-25)$$

对于第 i 年中的某一典型日场景 $C_j^{(i)}$，该场景中各小时的网供负荷所对应的年持续小时数 $t_j^{(i)}$ 如式（4-26）所示，综合考虑第 i 年的全部典型日场景，即可求得第 i 年的年持续负荷曲线。

$$t_j^{(i)} = 365 \cdot P(C_j) \qquad\qquad (4-26)$$

三、网供用电量预测

网供用电量预测包括全社会用电量预测与分布式电源发电量预测两部分。

对于全社会用电量预测，可采用传统的负荷预测方法，如产业产值单耗法、时间序列法、弹性系数法、人均用电量法等，并且可将几种方法综合分析进行预测。

对于分布式电源发电量预测，最大负荷预测中已经提及，此处不再赘述。将全社会用电量减去分布式电源的发电量即可得到网供用电量。

四、电力电量平衡

配电网电量平衡的内容主要是网供电量预测，其预测方法已在网供用电量预测中详细讲述。本节将主要涉及新型配电网的电力平衡。

当考虑柔性负荷与风光储等灵活性资源时，负荷预测曲线将发生较大变化，《浙江电网规划设计技术导则》（Q/GDW11—2020）中强调：

（1）新能源装机应充分考虑其间歇性特征，以满足全系统安全可靠、合理高效为基本原则，结合地区实际按适当比例参与电力电量平衡和调峰平衡计算。风电、太阳能在不同时段下的出力率参考历史年份数据，取95%置信区间内的出力率参与电力平衡和调峰平衡计算。

（2）应充分重视虚拟电厂、备用共享、精准负荷控制、储能等技术在电网运行中发挥的削峰作用，在电网规划中可按照95%尖峰负荷开展电力平衡。

（3）《浙江电网规划设计技术导则》（Q/GDW11—2020）中的规定在当今的配电网形势之下能够有效地发挥作用，分布式电源对于新型配电网规划的主要作用是削减峰值负荷，因此规划中应当更关心的是分布式电源在负荷高峰时刻的可信出力，而不是全时段可信出力。为了充分发挥分布式电源的作用，应为分布式电源配置储能装置，在一定调度控制策略下进行能量管理。未来的新型配电网中，分布式的储能必将随着分布式新能源一起广泛接入。经过储能装置存储转移后，光储系统在负荷高峰的可信出力受光伏全天发电量影响，光储系统的可信出力预测就转变为光伏全天的发电量预测。因此最大负荷预测中提出的实际上也是一种在新型配电网电力平衡中考虑分布式电源影响的方法。

（4）目前变配电站容量主要是根据配电网规划导则中容载比计算规则和实际经验确定，容载比的计算公式为：

$$R_s = \frac{\sum S_{ei}}{P_{max}} \tag{4-27}$$

式中：R_s 为容载比；P_{max} 为规划区域该电压等级的年网供最大负荷；$\sum S_{ei}$ 为规划区域该电压等级公用变电站主变容量之和。

其关键在于年网供最大负荷的预测，在新型配电网中，年网供最大负荷可表示为：

$$P_{max} = P_{L\_max} - P_{reduce} - C_{max} \tag{4-28}$$

式中：P_{L_max} 为规划区域该电压等级的全社会最大负荷；P_{reduce} 为柔性负荷的削峰潜力值（即友好负荷）；C_{max} 为等效风光储系统的可信容量。

式（4-28）等号右端三个量预测值可分别通过第四章第三节提出的最大负荷预测方法得到。

根据《浙江电网规划设计技术导则》（Q/GDW11 1159—2022）中的要求，变电站容载比的选择可根据经济增长和社会发展的不同阶段，对应的负荷增长可分为饱和、较慢、中等、较快四种情况，规划期内各电压等级电网的容载比参考值见表4-1，宜控制在 1.5~2.0 范围之间。

表4-1   35~500kV 变电容载比选择范围

负荷增长情况	饱和期	较慢增长	中等增长	较快增长
年负荷平均增长率 K_p（%）	$K_p \leq 2$	$2 < K_p \leq 4$	$4 < K_p \leq 7$	$K_p > 7$
容载比	1.5~1.7	1.6~1.8	1.7~1.9	1.8~2.0

第四节   "源-网-荷-储-充"协同规划

一、"源-网-荷-储-充"对配电网运行方式的影响

"源-网-荷-储-充"是分布式新能源大规模接入的新型配电网中的可控资源，也是新型配电网灵活性运行调节的基础，可以统称为灵活性资源。作为区别于

传统配电网运行的关键因素，灵活性资源的作用特性决定了配电网实际运行问题中产生的调节需求是否能被快速而准确地响应。因此，本节将从配电网的灵活性概念出发，开展各类灵活性资源对配电网运行方式的具体影响分析，作为后续对新型配电网运行方式研究的基础。

（一）灵活性定义

灵活性，通常表示系统自身所具备的应对内在及外在环境变化的适应能力。目前，关于电力系统灵活性的定义，国内外较为认可的两种主要说法由北美电力可靠性委员会（North American Electric Reliability Council，NERC）和国际能源署（International Energy Agency，IEA）所提出。

在2010年，NERC在其发布的报告中指出，"电力系统灵活性是指利用系统资源满足负荷变化的能力"，这个能力"主要体现在运行的灵活性"。此外，NERC认为电力系统的灵活性主要包含储存能量的能力、高效机组组合和经济调度三个方面。

2008—2011年，IEA在G8峰会以及随后发布的报告中也提及电力系统灵活性的概念，认为"电力系统灵活性，是指电力系统在其边界约束下，快速响应供应和负荷的大幅波动，对可预见、不可预见的变化和事件迅速反应，即负荷需求减小时缩小供给，负荷需求增加时增大供给"，即认为一个灵活的电力系统既能消纳大量间歇性电源发出的电能，又能经济和高效地处理过剩的电能，也能保证可预测和不可预测的间歇性电源出力不足时系统电力供应的充裕度。

因此，综合二者所提出的概念，电力系统的灵活性大致可以总结为，在某一时间尺度内，电力系统直接或间接地利用和调配系统中的现有资源实现快速响应系统供需侧波动、控制电网关键运行参数的能力。早前，对于电力系统灵活性的研究主要针对输电系统或电力系统整体层面，通过对可控性较强的以水电、火电为主的电源结构进行调节，满足存在随机性和不确定性的负荷波动。

（二）灵活性资源对配电网的要求

对于配电网而言，随着分布式电源、电动汽车的快速发展及国家对电力市场改革的逐步推进，大量风电、光伏发电等间歇性电源的接入逐渐改变了传统的电源结构，降低了整个电源系统的出力可控性，并在配电网层面上大大增加了系统运行的随机性和不确定性。同时，多元化用户负荷及其预测偏差等众多不确定因素对于配电系统运行过程中的功率分布也有着重要影响。

因此，为满足系统在运行过程中的电力电量平衡运行和电能质量要求，配电网必须具备一定的应变和响应能力，即需要具备配电网的灵活性，以尽可能消除或降低不确定因素所带来的负面影响，维持系统的安全稳定运行。宏观上来讲，电网的灵活性及其对应的措施在响应源头上大致可以分为技术因素和市场因素两大类型。

技术因素表现为配电系统中各设备、元件及电网的功率和能量调节能力（幅值和速度），它不仅仅是元件和设备自有的灵活属性，也包含系统级配置和调度后表现出的整体灵活属性。技术手段包含能量存储和系统级的负荷预测、分布式电源发电预测及经济调度等。

市场因素与配电系统灵活性需求的经济代价约束相对应，主要通过电力市场交易规则和电价机制的灵活设计，促使配电系统能够更为高效和经济地应对影响电力供给和需求平衡的各种随机因素，从而避免一味强调提高技术灵活性而忽略经济代价。市场因素的引入使得间歇性电源、负荷等传统的"随机源"同样可以作为"灵活源"参与到电力系统的灵活性调节中，丰富了提高电力系统灵活性的措施。

因此，灵活性资源是指配电网中引起或应对不确定性问题的各类可控和待控要素。具体来说，包括电源侧灵活性资源、电网侧灵活性资源、负荷侧灵活性资源和储能侧灵活性资源等。为应对未来配电网不确定性加剧问题，通过调节灵活性资源可以增强配电网的灵活调节能力，提升不确定环境下配电网的安全性、经济性和可靠性，具有非常重要的理论和现实研究意义。

（三） 灵活性资源对配电网的影响

1. 电源侧

综合而言，电源侧灵活性资源对配电网的影响主要包括以下两个方面。

（1）增加不确定性因素。当大规模分布式新能源并网接入配电网时，其输出功率的频繁波动将使电网运行人员难以精确预测净负荷的增长变化，影响电网调度及分布式能源的有效利用。并且传统的运行计划也不再适用，必须进一步准确预测配电网短期净负荷。此外，由于分布式风光发电的调峰能力较差，大规模地接入也会给配电网的调峰、调频带来更大的压力。

（2）产生配电网双向潮流。不含分布式电源的配电网通常采用开环运行的方式，网内潮流单向流动。而分布式电源接入使配电网中产生了双向潮流，为传统的配电网调压和继电保护带来了重大影响。

配电网的调压规则以单向潮流为原则，但在分布式电源接入电网后，配电潮流将从单向树状结构变为多向多支路结构，这将引起电力系统中某些节点的电压发生显著变化。此外，这种双向潮流问题也给传统的配电网过流保护带来了影响，将导致传统的保护失去选择性或者灵敏度降低。

2. 网架侧

综合而言，网架侧灵活性资源对配电网的影响主要包括以下三个方面。

（1）运行方式多样化。丰富的电网侧灵活性资源将提高电网的调节能力，增强区域互联和线路联络率，使得配电网的运行方式和供电模式更加灵活多样。

（2）提高供电安全性和可靠性。配电网重构对增强配电系统安全性、经济性和供电可靠性的显著作用。配电网重构通过对配电网线路开关状态的改变来变换网络结构，在满足辐射运行及电力供需平衡等运行约束的前提下，可以实现降低网络运行损耗、提高电能质量和供电可靠性等调度目标。

（3）提高电能质量。作为重要的配电设备，有载调压变压器往往装设在高压输电变及重要负荷的配变上。通过在带负载时开关动作改变线圈数，进而可以改变有载变压器的变比，从而达到调整节点电压、改善电能质量的目标，实现联络电网及稳定负荷节点电压的作用。

3. 负荷侧

综合而言，配电网中的负荷侧灵活性资源对配电网的影响主要包含以下两个方面。

（1）提高了用户对电网运行的参与度。传统配电网中，用户对电网管理的参与程度低，而引入需求侧管理后可以实现配电网运行和用户调节之间的双向互动，从而实现电能的合理分配和设备的高效利用。配电网重构在大量分布式电源（Distributed Generator，DG）接入的新背景下，可以促进系统的经济运行水平、提高电网对 DG 的消纳能力等。

（2）有利于提高分布式电源的渗透率。由于风光等可再生能源发电具有随机性、波动性、间歇性的特点，大规模高容量接入分布式电源会给配电网运行带来巨大的不确定性。而由于需求侧响应资源可以被灵活设计和调整，其能够充分发挥在削峰填谷方面的作用，一定程度上减小了分布式电源的不利影响。

4. 储能侧

综合而言，储能系统对配电网的影响可以简要归纳为以下两个方面。

（1）利于提高可再生能源渗透率。储能系统的接入可以在风力发电和光伏发电量大而负荷较小时将多余的电量存储起来，而在需要时将电量释放，从而维持系统的安全稳定运行。

（2）增加了配电网的运行管理难度。为了保证配电网的安全与稳定运行，在接入储能系统的配电网中就必须配套相应的电力电子设备，实施有效的控制策略，这无疑增大了配电网的管理难度。

二、"源－网－荷－储－充"对配电网规划方法的影响

配电网规划在数学上是一个非线性、多阶段、多目标的混合整数优化问题，其目的是在满足用户供电和保证网络运行约束的前提下，寻求最优的规划决策方案，以满足投资、网络损耗或用户的停电损失最小。下面将从考虑运行控制因素的配电网规划研究现状、灵活性资源对规划的影响研究两个方面对分布式新能源大规模接入对配电网规划方法的影响进行研究。

（一）考虑运行控制因素的配电网规划研究现状

随着大规模分布式新能源接入比例的显著增高，以及配电网向可控性、主动性和智能化的不断发展，配电网的规划模式不再局限于根据负荷预测需求进行选址定容，而是逐渐结合了许多运行环节的运行控制因素实现协同优化决策。目前，配电网规划环节考虑的运行控制因素主要包含分布式电源有功优化及储能管理等。

1. 含分布式电源的配电网扩展规划

目前，位于配电网中的可再生能源发电系统以分布式电源为主。分布式电源是指分散安装在用户侧，既可独立于公共电网为邻近用户直接供应电能，又可将其接入公网为用户统一提供电能的中小型发电装置，其装机容量在数千瓦至 50MW 范围内。可再生能源是分布式电源的主要能量来源，如天然气、沼气、太阳能、生物质能、风力及水力等。

在可持续发展要求下，提倡清洁、环保的能源利用方式已成为社会经济发展的必然选择。为了满足我国经济高速发展的需求，在已建立中央电站和电网的基础上，大力提高分布式电源渗透率、增强电网对于非水可再生能源发电电量的消纳能力，

是我国电力系统发展的首要要求。

然而，由于分布式电源的接入改变了配电网中能量的单向供给路径，这会对配电网规划、系统保护、电能质量、可靠性、网络损耗等产生不同程度的影响。其影响性与配电网的拓扑结构、负荷分布情况及分布式电源的接入位置和接入容量等因素均有密切关系。因此，有必要在配电网规划环节考虑分布式电源的运行状态，从而提升规划后的配电网架对于电网发展新形态的适应要求。

由于分布式电源的大量接入加剧了供给侧的间歇性，基于确定性参数的传统规划方法将不再适用。因此，当前含分布式电源的配电网规划方法均采用不确定性理论，构建充分反映不确定因素波动程度的概率性运行场景或区间集合，然后，面向若干运行场景制定综合最优的规划方案。

目前，考虑分布式电源的配电网规划方法已发展成熟，在生产和研究中广泛采用如随机规划、模糊规划、粗糙规划、鲁棒规划、机会约束规划等方式。大致而言，这些规划方法的差异主要在于对不确定性的刻画和处理。由此，可以将这些方法分为两大类型，其一是在已知不确定因素的概率分布函数的基础上，通过采样或随机模拟等手段，将不确定因素的波动性用若干确定性场景进行描述，各个场景对应一定水平的发生概率；另一种则是在未知不确定因素的概率分布函数的前提下，将不确定因素采用模糊数、粗糙集等具有一定概率特征的表达式或区间进行描述。通过将可再生能源出力不确定性进行描述，能够充分模拟其波动性对实时运行的影响，从而提高规划决策应对波动性的调节能力，进而提高规划方案对未来电网运行的适应程度。

2. 含分布式电源的配电网储能规划

作为配电网的一类新型电源，大量可再生分布式电源的接入不仅可以延缓输电网层面的线路扩容、设备更新等投资，而且能够降低电网运营对环境的不利影响。然而，分布式电源的大量接入也为电网带来许多问题。高比例分布式电源的波动性和间歇性会严重影响电网短时功率平衡。当供不应求时，为保证系统的安全稳定运行，需要配置足够的旋转备用容量，以支撑因分布式电源供给不足所造成的需求缺额。当供过于求时，则需要强化配电网的外送通道或引导增大用户的电能需求，从而提高配电侧的消纳能力。

储能资源具备大容量、高可控性等特点，当分布式电源出力波动引发了短时功率不平衡问题时，其能快速、即时地进行调节响应。因此，在接入高比例分布式电源的配电网中，储能资源通常作为系统的旋转备用源，通过支撑电网进行调压调频、平滑负荷波动等运行需求，最终有效提高分布式电源的渗透率。

目前，配电网中的储能系统主要位于用户侧和配变侧。用户侧储能系统的装机容量普遍较小，主要作为应急电源、不间断电源，并在系统峰荷时充当临时电源的角色。当利用储能系统作为备用电源时，能够显著降低因供电不足造成用户停电损失，提高电网的可靠性。

而位于配变侧的储能系统通常装机容量较大，可以同时对多个用户负荷及分布式电源所引起的供需缺额进行响应。在合适的调度机制下，能够实现削峰填谷、优化潮流、降低网损等作用，从而达到灵活控制配电网电压水平、提高可再生能源利用效率的目的。

对于含分布式电源接入的配电网，在制定储能系统规划方案时，需要在模型中充分结合分布式电源出力和负荷需求的不确定性。其流程如下：首先，需要确定规划的优化目标；然后，面向由不确定电源及负荷形成的场景，结合储能系统的运行策略、配电网安全运行需求制定储能系统的选址定容计划。考虑到储能系统主要安装在用户侧或馈线侧，目前储能规划问题一般只决策储能定容方案，不对选址问题进行过多探讨。

常见的储能系统规划的优化目标包含以优化指标为目标、以最小化储能容量为目标，以及以最小化系统成本为目标等类型。一般而言，目标函数中优化的指标包括负荷缺电率、能量溢出比、平抑后的风光有功出力波动性等。而系统成本则主要为储能设备的全寿命周期成本、储能投资及考虑风光维护成本的运维成本等。

（二）灵活性资源对规划的影响研究

在极端条件下，接入高比例分布式电源的新型配电网将产生各类运行问题。对于某些轻微的问题，可以采用调度配电网灵活性资源的方式来缓解，但对于严重的运行问题，则需要通过在考虑运行控制因素的基础上扩容改造线路及配变才能解决。为了有效地减少强化网络结构所产生的规划投资，有必要在充分意识到运行控制对配电网规划重要性的基础上，针对各类灵活性资源对规划的影响机理进行分析。

1. 电源侧灵活性资源对规划的影响分析

对于电网公司而言，在新一轮电力体制改革的背景下，为抢占增量配电业务的市场份额，需要制定出最有效且经济的规划方式。本部分主要分析考虑电源侧灵活性资源的运行控制对于电网公司制定扩展规划方案的影响。

在削减化石能源使用率、大力提高清洁能源渗透率的背景下，目前配电网对分布式电源发电采取就地全消纳政策。也就是说，无关新能源发电质量，电网公司在制定调度运行方案时，需要将分布式电源所能提供的电能全部作为本地区电力供给来源，不能采取任何削减策略。随着新能源发电技术的日趋成熟，未来配电网中的分布式电源的发电渗透率将进一步提高。

由于可再生能源发电具有间歇性，其一年内的实际运行小时数只有 1000 ~ 2000h，约为传统电源运行小时数的 1/4。因此相应地，若分布式电源发电量占比达到 20% 以上，则分布式电源的接入容量占比就必须至少超过用电功率需求的 80%。

为避免未来用电增长造成网络阻塞等问题，传统配电网扩展规划的网络结构按照负荷需求来设计，设计的电网最大容量约为最大负荷的 2 倍，并且必须满足 $N-1$ 准则。可见如果按照传统规划和运行的方法处理大规模分布式电源的接入和投运问题，就需要扩大网络规模。这将促使电网中的很多设备在大部分时间内保持闲置状态，极大地浪费了资源。并且当前配电网络的监测控制设备尚未具备应对随机发电及随机负荷的能力，无法满足可靠性需求。

因此，在高占比分布式电源并网条件下，可以放开对清洁能源的消纳政策，利用智能化技术动态地调整分布式电源的发电出力，从而在保证可靠性的同时有效地降低峰值负荷，达到延缓电网一次设备投资的目的。也就是说，通过将配电网中的分布式电源作为电源侧灵活性资源进行调节控制，即可实现极端运行条件下峰值负荷需求，从而可以降低网络规划的设计裕度。主动控制因素对规划的影响机理如图 4-8 所示。

2. 电网侧灵活性资源对规划的影响分析

电网侧灵活性资源主要包括无功补偿、有载调压变压器分接头调节及配电网重构三个部分。调节无功补偿投入可以直接改善配电网中的无功潮流分布，而调节有载调压变压器分接头则可以直接改善网络中的电压偏差。

然而，由于二者对于有功潮流的影响较小，在常规的配电网运行优化分析中，

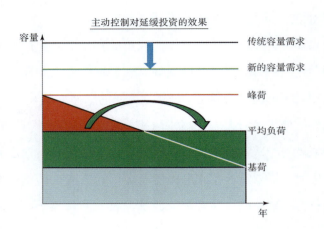

图 4 − 8　主动控制因素对规划的影响机理图

鲜少使用该资源作为缓解网络问题的主要手段。不同于输电网的结构组成，配电网中线路的电阻和电抗值接近，有功功率和无功功率耦合性较强，基于传统有功无功解耦理论分别对配电网进行有功/无功运行优化显然不够全面。

从配电网运行经济性来看，优化有功潮流可以降低发电成本，而通过调节无功潮流则可以降低网络损耗，间接提高经济效益。一方面，将主动配电网中的有功无功资源进行协调优化调度，能够最大化减少能源浪费、优化运行效益。另一方面，从配电网运行安全性考虑，传统配电网通常采用无功控制手段实现网络的安全稳定运行，随着分布式电源大量接入配电网，其无功出力也会对电网的电压水平、潮流分布产生影响，通过调整配电网中的无功资源能够稳定馈线末端的系统电压。

因此，无论从安全性还是经济性角度考虑，都有必要从有功无功协调优化角度出发对主动配电网进行综合协调调度，在保证安全稳定运行的同时实现主动配电网运行效益最大化。

从配电网运行规划协同优化的方面来看，若能通过调节电网侧灵活性资源实现稳定系统运行、减少网损等目的，将间接提高配电网扩展规划的投资效益及运行过程中设备的使用率。

3. 负荷侧灵活性资源对规划的影响分析

负荷侧灵活性资源参与运行调度的方式是通过削峰填谷/移峰填谷等手段，降低系统在用电高峰时的供给不足或备用不足所造成的规划投资需求。因此，负荷侧灵活性资源是影响电网公司制定规划方案的重要因素。若待规划地区的需求侧资源能够及时响应调度要求，那么电网公司通过适时调度需求侧资源，可以降低网络中的尖峰负荷需求、平滑系统用电曲线。

在这样的背景下，通过在最大运行方式下调节网络内部资源实现自平衡，可以将配电网的供电需求尽可能地限制在内部高占比分布式电源所能供给的容量范围内，实现局部区域自治，在提高系统可靠性的同时，也提升了系统供电质量和经济效益。需求响应调度方式如图 4 – 9 所示。

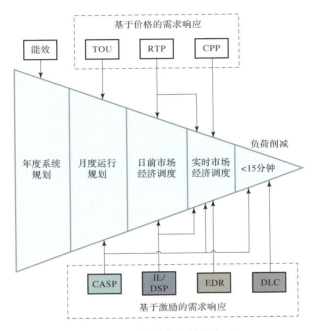

图 4 – 9　需求响应调度方式

4. 储能侧灵活性资源对规划的影响分析

高占比分布式电源的接入为配电网造成了巨大冲击，风电的逆负荷特性加大了电网供需时序峰谷差，严重威胁配电网运行稳定性。随着现代电网技术的发展，储能技术被逐渐引入到电力系统中作为消纳新能源发电的重要手段。通过协调控制储能，可以消除昼夜间峰谷差、平滑负荷曲线，进一步提高电力设备利用率、并降低供电成本。同时，储能还能提高系统运行稳定性、调整频率、补偿负荷波动，具体作用方式如图 4 – 10 所示。

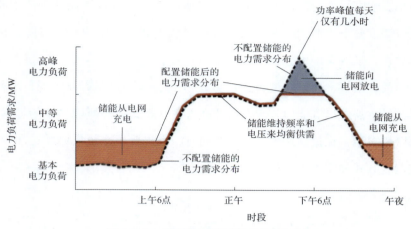

图 4 – 10　储能的移峰填谷效用示意图

作为储能侧灵活性资源，储能系统可以应用于不同场合，带来不同的调节效果。根据安装应用位置，可以大致分为电网侧、用户侧以及新能源侧三类。

储能系统应用于电网侧时，可以延缓电网升级、减少输电阻塞、提供辅助服务、提高供电可靠性，从而带来相应的收益。同时在峰谷电价机制下，储能系统可以通过低储高发实现套利。当储能系统安装于电网中时，其产生的效益是多方面的，这些收益一般不全部属于投资主体。当储能系统的单位成本过高的时候，往往会由于忽略了其他隐性的经济价值而得出不具备经济性的结论，这不利于该项技术的商业化推广。

储能系统应用于用户侧时，多采用蓄电池储能系统等具有快速调节性能的储能技术，主要用于调节负荷以节省电费、提供不间断供电等。

储能系统应用于新能源侧时，主要用于优化整个系统的电源结构。由于可再生能源（如风能、太阳能等）存在随机性和波动性的特点，不利于大规模并网，配备储能设施可以平抑新能源发电的波动，为系统提供更为稳定的电力，取得很好的效果。储能在新能源中的应用，主要包括风电－储能、光伏－储能和带储能的独立供电系统（含微电网）等。储能配置的最佳容量与新能源的发电曲线密切相关，其不仅能为分布式电源投资商带来峰谷上网电价下储能系统低储高发所获得的套利，更能为配电网减少额外配备的备用容量。

三、新型配电网网架规划方法研究

受出力间歇性影响，分布式电源的平均利用小时数远低于传统火电机组。因此在配电网中，通常接入高比例分布式电源以维持实时发电能力。然而，在极端运行条件下，这可能引发大规模功率倒送问题，严重时将造成线路阻塞，甚至危及正常运行。由此，为提高清洁能源发电渗透率、降低弃风弃光量，配电网的运行中需要采取适当的优化措施来应对由源荷强不确定性造成的极端运行场景。

为保障高比例分布式电源接入的新型配电网供电可靠性，配电网规划中必须针对预估的典型场景或最劣条件制定具有一定冗余度的规划方案，即以一定经济代价提高旋转备用容量和网络馈线容量，用于支撑极端条件下的供电需求。

针对规划与运行之间的强耦合性，建立了新型配电网扩展规划的双层规划模型，上层模型为确定馈线和变电站的投建或扩建位置，以最小化投资成本为目标，决策变量为表示馈线或变电站是否投建或扩建的二元变量；下层模型考虑系统运行，以网供负荷总量最小为目标，决策变量为包括风光出力、储能的充放电、可中断负荷的中断、无功补偿在内的可控资源调度变量。

（一）双层规划理论

双层规划理论起源于市场经济领域中的 Stackelberg 模型。双层规划是一种具有二层递阶结构的系统优化问题，在优化求解时分为上下两层模型。上下层分别拥有各自的优化目标及对应的约束条件，在优化求解时，上下层模型之间存在相互交互的关系。上层模型做出决策后，将决策变量传递至下层模型中，下层模型根据上层传递的决策变量，在满足各项约束的前提下求得最优解，并将最优的决策变量返回至上层模型，上层根据下层返回的信息对自身决策做调整。

双层规划问题中，上下层模型之间具有紧密结合的关系，二者又相互制约，主要有以下特点：

1）上下层模型之间具有层次性，一般上层模型扮演着领导层角色；

2）上下层模型在目标函数及各自的决策变量上是相互独立的；

3）在求解规划问题时，上下层之间有一定的逻辑关系，一般先由上层做出规划方案，并将规划方案传递至下层；

4）上下层模型相互影响，下层目标函数的求解是在上层规划方案的基础上进行的，同时上层的决策也会受到下层决策的影响。

基于双层规划理论，双层规划模型中上下层的交互关系如图 4 - 11 所示。

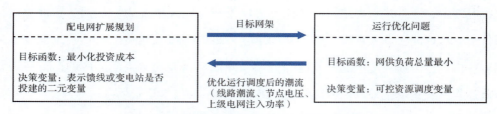

图 4－11　新型配电网扩展规划的双层规划模型

（二）　上层规划决策层

配电网扩展规划问题表示如下，其中式（4－29）～式（4－31）为最小化投资成本的目标函数，式（4－32）～式（4－47）分别对应各类约束条件。为提高本层模型的计算速度，在满足精度要求前提下应用忽略网损的线性交流潮流模型，如式（4－32）～式（4－34）所示。

$$\min C_{inv} \tag{4－29}$$

$$C_{inv} = K_L \sum\nolimits_{ij \in \Psi^L} C_L x_{ij}^L h_{ij}^L + K_S \sum\nolimits_{ij \in \Psi^S} C_S x_i^S h_i^S \tag{4－30}$$

$$\begin{cases} K_L = \dfrac{r_{in}(1 + r_{in})^{T_L}}{(1 + r_{in})^{T_L} - 1} \\[3mm] K_S = \dfrac{r_{in}(1 + r_{in})^{T_S}}{(1 + r_{in})^{T_S} - 1} \end{cases} \tag{4－31}$$

潮流约束：

$$P_{it}^{inj} - P_{it}^{nel} = \sum\nolimits_{j \in \Omega^i} A_{ij}^L P_{ijt}, \ \forall i \in \Psi^N, \ t \in T' \tag{4－32}$$

$$Q_{it}^{inj} - Q_{it}^{nel} = \sum\nolimits_{j \in \Omega^i} A_{ij}^L Q_{ijt}, \ \forall i \in \Psi^N, \ t \in T' \tag{4－33}$$

$$U_{it} - U_{jt} - \frac{r_{ij}P_{ijt} + x_{ij}Q_{ijt}}{U_{1t}^{ref}} = 0, \ \forall ij \in \Psi^L, \ t \in T' \tag{4－34}$$

安全约束：

$$-\overline{P}_{ij} \leqslant P_{ijt} \leqslant \overline{P}_{ij}, \ \forall ij \in \Psi_{EFF}^L, \ t \in T' \tag{4－35}$$

$$-(1 - x_{ij}^L)\overline{P}_{ij} \leqslant P_{ijt} \leqslant (1 - x_{ij}^L)\overline{P}_{ij}, \ \forall ij \in \Psi_{ERF}^L, \ t \in T' \tag{4－36}$$

$$-x_{ij}^L \overline{P}_{ij}^N \leqslant P_{ijt} \leqslant x_{ij}^L \overline{P}_{ij}^N, \ \forall ij \in \Psi_{NRF}^L, \ t \in T' \tag{4－37}$$

$$-x_{ij}^L \overline{P}_{ij}^N \leqslant P_{ijt} \leqslant x_{ij}^L \overline{P}_{ij}^N, \ \forall ij \in \Psi_{NAF}^L, \ t \in T' \tag{4－38}$$

$$\underline{U}_i \leqslant U_{it} \leqslant \overline{U}_i, \ \forall i \in \Psi^N \mid i \neq 1, t \in T' \tag{4－39}$$

$$U_{1t}^{ref} = 1, \ t \in T' \tag{4－40}$$

上级电网馈入功率约束：

$$0 \leqslant P_{it}^{inj} \leqslant (1 - x_i^S)\overline{P}_i^S + x_i^S \overline{P}_i^{NS}, \ \forall i \in \Psi_{EX}^S, \ t \in T' \qquad (4-41)$$

$$0 \leqslant P_{it}^{inj} \leqslant x_i^S \overline{P}_i^{NS}, \ \forall i \in \Psi_{TF}^S, \ t \in T' \qquad (4-42)$$

投资约束：

$$x_{ij}^L \leqslant 1, \ \forall ij \in \Psi^L, \Psi^L = \{\Psi_{EFF}^L, \Psi_{ERF}^L, \Psi_{NRF}^L, \Psi_{NAF}^L\} \qquad (4-43)$$

$$x_{ij}^{L_{ERF}} = x_{ij}^{L_{NRF}}, \ \forall ij \in \Psi_{ERF}^L, \Psi_{NRF}^L \qquad (4-44)$$

$$x_i^S \leqslant 1, \ \forall i \in \Psi^S, \Psi^S = \{\Psi_{EX}^S, \Psi_{TF}^S\} \qquad (4-45)$$

$$x_i^{S_{TF}} \leqslant x_i^{S_{EX}}, \ \forall i \in \Psi^S \qquad (4-46)$$

$$x_i^{S_{TF}} + x_i^{S_{EX}} \leqslant 1, \ \forall i \in \Psi^S \qquad (4-47)$$

式中：C_{inv} 表示投资费用；K_L、K_S 为馈线及配变投资的成本收回系数；r_{in} 为年折现率；T_L、T_S 分别表示馈线及配变的服役年限；C_L、C_S 表示馈线与配变单位长度/容量的投资成本；x_{ij}^L、x_i^S 分别表示馈线和配变的二元投资变量，若取值为 1，则表示需要投建；h_{ij}^L 及 h_i^S 分别表示对应的馈线长度和配变扩建容量；Ψ^L、Ψ^S 表示全网馈线集合和变电站集合；Ψ^N 表示配电网节点集合；Ω^i 表示与节点 i 联络的节点集合；T' 表示规划场景时长；P_{it}^{inj}、Q_{it}^{inj} 表示 t 时刻位于节点 i 的上级电网有功及无功馈入功率；P_{it}^{nel}、Q_{it}^{nel} 分别表示 t 时刻节点 i 的有功及无功网供负荷；P_{ijt} 及 A_{ij}^L 分别表示馈线 ij 的有功功率和预设方向，若 $A_{ij}^L = 1$ 则表明功率流出；$\overline{P}_i^S$、$\overline{P}_i^{NS}$ 表示配变的原配电容量和扩建后容量；r_{ij}、x_{ij} 对应线路阻抗参数；$\overline{P}_{ij}$、$\overline{P}_{ij}^N$ 表示馈线的原容量及改造后容量；U_{it} 表示 t 时刻节点 i 的电压幅值；$\overline{U}_i$、$\underline{U}_i$ 对应电压运行上下限范围；U_{it}^{ref} 表示参考节点的电压幅值。在本模型中，馈线集合 $\Psi^L = \{\Psi_{EFF}^L, \Psi_{ERF}^L, \Psi_{NRF}^L, \Psi_{NAF}^L\}$ 共包含 4 类馈线形式，分别表示已有固定馈线集合、已有可替换馈线集合、新建可替换馈线集合及新建增设馈线集合。相应地，变电站集合 $\Psi^S = \{\Psi_{EX}^S, \Psi_{TF}^S\}$ 包含已有配电变电站集合和新建配电变电站集合。

（三） 下层运行调度层

为提升设备利用率，配电网运行时应充分调度可控资源平抑负荷波动、降低尖峰供电需求。同时为响应可持续发展战略，制定调度决策时也需提升对清洁能源的就地消纳能力。因此，以降低网供负荷总量为原则提出调度目标，如式（4-48）所示。

$$\min \sum_{t \in T} \sum_{i \in \Psi^N} P_{it}^{nel} \tag{4-48}$$

$$P_{it}^{nel} = P_{it}^{tra} - P_{it}^{IL} - P_{it}^{w} - P_{it}^{v} + P_{it}^{bch} - P_{it}^{bdic} \tag{4-49}$$

式中：P_{it}^{nel} 为 t 时刻节点 i 的网供负荷；P_{it}^{tra} 表示传统刚性负荷；P_{it}^{IL} 表示可中断负荷；P_{it}^{w}、P_{it}^{v} 表示风光上网出力；而 P_{it}^{bch}、P_{it}^{bdic} 分别对应储能电站的充放电功率。

定义节点网供负荷为该节点用户的用电需求与位于本节点的可控资源调度出力的差值。模型的约束条件见式（4-50）~式（4-64）。

潮流约束：

$$P_{it}^{inj} - \sum_{j \in \Omega^i} A_{ij}^L P_{ijt} - P_{it}^{nel} = 0, \ \forall i \in \Psi^N, t \in T \tag{4-50}$$

$$P_{ijt} = \frac{\theta_{it} - \theta_{jt}}{x_{ij}}, \ \forall i, j \in \Psi^N, t \in T \tag{4-51}$$

安全约束：

$$\underline{\theta_i} \leqslant \theta_{it} \leqslant \overline{\theta_i}, \ \forall i \in \Psi^L, t \in T \tag{4-52}$$

风光调度约束：

$$0 \leqslant P_{it}^{w} \leqslant \tilde{P}_{it}^{w}, \ \forall i \in \Psi^w, t \in T \tag{4-53}$$

$$0 \leqslant P_{it}^{v} \leqslant \tilde{P}_{it}^{v}, \ \forall i \in \Psi^v, t \in T \tag{4-54}$$

上级电网馈入功率约束：

$$0 \leqslant P_{it}^{inj} \leqslant x_i^S \overline{P}_i^{Ns}, \ \forall i \in \Psi^S, t \in T \tag{4-55}$$

可中断负荷约束：

$$0 \leqslant P_{it}^{IL} \leqslant y_{it}^{IL} \overline{P}^{IL}, \ \forall i \in \Psi^{IL}, t \in T \tag{4-56}$$

$$\sum_{t \in T} y_{it}^{IL} \leqslant \frac{T_i^{IL}}{\Delta t}, \ \forall i \in \Psi^{IL} \tag{4-57}$$

储能电站调度约束：

$$P_{it}^{bdic} \leqslant y_{it}^{bdic} \overline{P}_{it}^{bdic}, \ \forall i \in \Psi^b, t \in T \tag{4-58}$$

$$P_{it}^{bch} \leqslant y_{it}^{bch} \overline{P}_{it}^{bch}, \ \forall i \in \Psi^b, t \in T \tag{4-59}$$

$$\underline{S}_i^b \leqslant S_{it}^b \leqslant \overline{S}_i^b, \ \forall i \in \Psi^b, t \in T \tag{4-60}$$

$$S_{it}^b = (1 - \beta^{sdic}\Delta t)S_{i(t-1)}^b - \frac{1}{\eta^{dch}}\frac{P_{it}^{bdic}\Delta t}{E_i^b} + \eta^{ch}\frac{P_{it}^{bch}\Delta t}{E_i^b}, \ \forall i \in \Psi^b, t \in T \tag{4-61}$$

$$y_{it}^{bdic} + y_{it}^{bch} \leqslant 1, \ \forall i \in \Psi^b, t \in T \tag{4-62}$$

旋转备用约束：

$$\sum_{i \in \Psi^S}(\overline{P}_i^S - P_{it}^{inj}) + \sum_{i \in \Psi^w}(\widetilde{P}_{it}^v - P_{it}^w) + \sum_{i \in \Psi^v}(\widetilde{P}_{it}^v - P_{it}^v) + \sum_{i \in \Psi^S}(\overline{P}_{it}^{bdic} - P_{it}^{bdic}) \geqslant \sum_{i \in \Psi^N} 0.2 P_{it}^{tra}$$

$$(4-63)$$

$$S_{it}^b \geqslant \frac{1}{E_i^b}\left[(\overline{P}_{it}^{bdic} - P_{it}^{bdic})\frac{1}{\eta^{dch}}\Delta t + S_{i(t-1)}^b \beta^{sdic}\Delta t\right] + \underline{S}_i^b, \forall i \in \Psi^b, t \in T \quad (4-64)$$

式中：T 表示运行调度场景周期，$T = T'$；Δt 表示场景中各运行条件的时间间隔；$\overline{P}_{ij}^N$、$\overline{P}_i^{Ns}$ 统一表示为扩建后的馈线及配变容量；y_{it}^{IL} 表示 t 时刻节点 i 处可中断负荷的二元调用标识；$\overline{P}_{it}^{IL}$ 表示可中断负荷的最大中断容量；T_i^{IL} 为运行周期内可中断负荷的最大调用时间；Ψ^{IL} 表示参与可控负荷的节点集合；$\overline{P}_{it}^{bch}$ 为节点 i 储能电站的弹性最大充电功率；$\overline{P}_{it}^{bdic}$ 为最大放电功率；y_{it}^{bch}、y_{it}^{bdic} 为充放电二元变量；$\overline{S}_i^b$、$\underline{S}_i^b$ 及 S_{it}^b 则分别对应储能设备的荷电状态区间和在 t 时刻的荷电状态值；E_i^b 为储能设备容量；η^{ch}、η^{dch} 分别为储能充放电效率；β^{sdic} 为储能自放电损失率。

四、"源-网-荷-储-充"协调运行方式

风能、太阳能和水能作为可再生能源中较易开发和利用的能源，近年来发展迅猛，在大电网系统中风电、光伏、水电的装机容量占比也在逐年提升。但是由于风电、光伏受天气环境因素影响而具有波动性和不确定性的特点，单个可再生能源场站并网往往会对电力系统平稳运行造成影响，因此需要具有动态调节特性的电源或者储能装置对其进行互补，目前应用广泛的是传统火力发电和水力发电与之联合运行。然而对于调节能力，常规火电机组通常受到发电计划、爬坡率、最小启动和关闭时间及其他运行条件的限制，在风电光伏高峰期或负荷低谷期很难及时降低出力，为风电光伏提供足够的消纳空间。可调节水电站一般具有由堤坝形成的库容，可根据来水、雨水及运行需求灵活调节发电机的出力。因此可以利用储能的能量储能特性及水电机组的快速响应能力和动态调节特性，与风电光伏出力一体化互补运行，为电网提供可控、可调以及稳定的出力。同时，可实现最大化消纳可再生能源，降低风光水储一体化新型发电系统的运行成本。

风光水储互补原理就是充分利用储能的能量储存特性、水电站的可储存和动态调节特性，以及水电机组的启停迅速和快速响应能力，实现风电光伏大发时以电量

支持储能和水电存储能源，风电光伏小发时储能和水电以储存能源支持风电和光伏，平抑风电光伏出力的波动性，为电网系统提供优质的电能，提高可再生能源场站的总体效益。

（一）风力发电模型

风力发电的基本原理是风能作用在风机叶轮使其旋转产生机械能，产生的机械能驱动发电机工作，最终将风能转化为电能。风电机组各时刻的输出功率主要取决于外界风速的大小，当外界风速小于切入风速或者大于切出风速时，风电机组输出功率为0；当外界风速介于切入风速和额定风速之间时，风电机组输出功率与风速为三次关系；当外界风速介于额定风速和切出风速之间时，风电机组输出功率为额定功率。两者的关系可以用分段函数表示，如公式（4-65）所示。

$$P(v) = \begin{cases} 0, 0 \leq v \leq v_{ci} \text{或} \ v \geq v_{co} \\ P_{WN}\dfrac{v^3 - v_{ci}^3}{v_N^3 - v_{ci}^3}, v_{ci} \leq v \leq v_N \\ P_{WN}, v_N \leq v \leq v_{co} \end{cases} \tag{4-65}$$

式中：P 为风电机组的实际输出功率；P_{WN} 为风电机组的额定输出功率；v 为风电机组的实际风速；v_{ci} 为风电机组的切入风速；v_{co} 为风电机组的切出风速；v_N 为风电机组的额定风速。

（二）光伏发电模型

太阳能光伏发电的基本原理是利用光伏电池直接将太阳能转化为电能。太阳能光伏发电系统主要由光伏阵列、变换器、逆变器及其控制器和滤波器组成。光伏阵列可以将太阳能转化为直流电能，然后通过逆变器和滤波器转化为与电网电压同幅、同频、同相的交流电，最后与电网连接并向电网系统输送电能。太阳能光伏发电系统的输出功率计算如公式（4-66）所示：

$$P(E) = P_{MN}\frac{E}{E_N}[1 + k(T_c - T_{STC})] \times \eta_{loss} \tag{4-66}$$

式中：P 为光伏机组的实际输出功率；P_{MN} 为光伏机组的额定输出功率；E 为实际的太阳辐照度；E_N 为标准测试条件下的太阳辐照度，通常取 $1000W/m^2$；k 为光伏组件功率温度系数，通常取 $-0.35/℃$；T_c 为光伏机组的实际工作温度；T_{STC} 为光伏机组在标准测试条件下的工作温度，通常取 $25℃$；η_{loss} 为并网变换器的效率。

（三） 水力发电模型

水力发电是一种清洁发电形式，其发电原理是利用水体的势能和动能带动水轮机产生机械能，然后利用水轮机的机械能推动水力发电机转动产生电能。水利工程建筑物集中了天然水流的落差，形成水头，使上游水库中的水具有较高的势能，通过水轮机将能量转换为电能。水力发电系统具有运行成本低、灵活性强、发电效率高等特点，从其运行条件来看，具有典型的丰水期和枯水期的特征。即在丰水期水电站输出功率较高，不仅满足用户用电的需求，而且多余的部分还可以通过电网系统跨区域输送，供急需用电的负荷中心使用；而在枯水期时，由于来水量的减少，水电站输出的功率也会相应变小。

水轮机水头 H 是指水轮机进、出口断面的总单位流量差，其基本表达式如式（4 – 67）所示：

$$H = \left(Z_1 + \frac{p_1}{\rho g} + \frac{\alpha_1 v_1^2}{2g} \right) - \left(Z_2 + \frac{p_2}{\rho g} + \frac{\alpha_2 v_2^2}{2g} \right) \tag{4 – 67}$$

式中：Z 为相对于基准面的单位位能；ρ 为水的密度；$\frac{p_1}{\rho}$、$\frac{p_2}{\rho g}$ 为单位压能；v_1、v_2 为过水断面平均流速；$\frac{v_1^2}{2g}$、$\frac{v_2^2}{2g}$ 为单位动能；α_1、α_2 为考虑流速沿断面分布不均的动能不均匀系数。

水轮机的额定出力为：

$$P_{HD} = 9.81\eta Q_d (H_d - \Delta H) \tag{4 – 68}$$

式中：H_d 为设计水头；ΔH 为水头损失；Q_d 为设计流量；η 为水轮机的效率；P_{HD} 为水轮机所输出的功率。

（四） 储能设备模型

储能可以缓解因可再生能源输出功率与负荷需求不匹配造成的矛盾，其源荷二重性、时空二重性和灵活响应特性可增加电力系统的柔性。系统中储能电池的能量是不断变化的，其数学模型可表示为：

$$E_{ES}(t+1) = E_{ES}(t) + \eta_{EES}^c P_{EES}^c(t) - \frac{P_{EES}^d(t)}{\eta_{EES}^d} \tag{4 – 69}$$

式中：$E_{ES}(t+1)$、$E_{ES}(t)$ 分别为储能电池在 $t+1$ 时刻与 t 时刻的蓄电量；η_{EES}^c、η_{EES}^d

分别为储能电池的充、放电效率；$P_{EES}^c(t)$、$P_{EES}^d(t)$分别为 t 时刻储能电池的充、放电功率。

五、"源 – 网 – 荷 – 储 – 充"一体化配置模型

（一）目标函数

本节以风光水储四种电源为研究对象，为现有的小水电配置最优分布式风光储电源容量，以满足地区供电需求。根据供电系统内部各电源特点，建立了以综合总成本最小为目标，考虑功率平衡、灵活性资源发电量约束、储能荷电量约束等约束条件的风光水储一体化配置模型。其中，综合总成本包括风光储的年投资成本、年运维成本、用户日购电成本及弃风弃光日经济损失成本。当综合总成本最小时，不仅达到了经济层面的最优，并且上级电网的供电压力减小，可再生能源的渗透率增加，大大减少了下级电网的碳排放量。

目标函数表达式如下：

$$\min C_{total} = \min C_{est} + 365(C_{buy} + C_{loss}) \tag{4-70}$$

$$C_{est} = \beta(S_w c_w + S_v c_v + S_{ess} c_s) + (S_w c_{wom} + S_v c_{vom} + S_{ess} c_{som}) \tag{4-71}$$

$$\beta = \frac{\alpha \cdot (1+\alpha)^Y}{(1+\alpha)^Y - 1} \tag{4-72}$$

$$C_{buy} = \sum_{t=1}^{24} \lambda_t^b P_t^b \tag{4-73}$$

$$C_{loss} = \sum_{t=1}^{24} c_{loss}^w(P_{t,max}^w - P_t^w) + c_{loss}^v(P_{t,max}^v - P_t^v) \tag{4-74}$$

式中：C_{total} 为综合总成本；C_{est} 为风光储的年投资运维成本；C_{buy} 为下级电网用户的日购电成本；C_{loss} 为弃风弃光日经济损失成本；β 为将投资运维成本折算至未来各年的年化值算子；α 为年利率；Y 为规划年限；S_w、S_v、S_{ess} 分别为新建的风光储容量；c_w、c_v、c_s 分别为对应的风光储单位容量的投资成本；c_{wom}、c_{vom}、c_{som} 分别为对应的风光储单位容量的年运维成本；λ_t^b 为 t 时刻下级电网用户的购电价格；P_t^b 为 t 时刻下级电网用户的总购电量；c_{loss}^w、c_{loss}^v 分别为单位弃风弃光电量的经济损失成本；$P_{t,max}^w$、$P_{t,max}^v$ 分别为 t 时刻下级电网分布式风光的最大出力；P_t^w、P_t^v 分别为 t 时刻下级电网分布式风光的实际出力。

（二）约束条件

系统有功功率平衡：

$$P_t^w + P_t^v + P_t^H + P_t^{bat} + P_t^b = Q_t^L \tag{4-75}$$

式中：P_t^H 为 t 时刻下级电网水电机组的实际出力；P_t^{bat} 为 t 时刻储能的功率，其为正表示储能放电，为负表示储能充电；Q_t^L 为 t 时刻的负荷需求量。

灵活性资源发电量约束：

$$\begin{cases} 0 \leqslant P_t^w \leqslant P_{t,max}^w \\ 0 \leqslant P_t^v \leqslant P_{t,max}^v \end{cases} \tag{4-76}$$

储能约束：

$$E_{t+1}^{bat} = E_t^{bat} + P_t^{bat,c} \eta_c - \frac{1}{\eta_d} P_t^{bat,d} \tag{4-77}$$

$$0 \leqslant P_t^{bat,c} \leqslant a_t r S_{ess} \tag{4-78}$$

$$0 \leqslant P_t^{bat,d} \leqslant b_t r S_{ess} \tag{4-79}$$

$$0 \leqslant a_{i,t}(w) + b_{i,t}(w) \leqslant 1 \tag{4-80}$$

$$E_0^{bat} \leqslant E_{24}^{bat} \tag{4-81}$$

$$S_{ess}(1-D) \leqslant E_t^{bat} \leqslant S_{ess} \tag{4-82}$$

式中：E_{t+1}^{bat} 为 $t+1$ 时刻储能的储电量；$P_t^{bat,c}$ 为 t 时刻储能的充电功率；$P_t^{bat,d}$ 为 t 时刻储能的放电功率；η_c 和 η_d 分别为充、放电效率；a_i 和 b_i 为布尔型变量，保证储能装置不出现同时充放电现象；r 为最大充放电倍率；D 为最大放电深度。

第五节 网格化向场景化转变

一、规划体系优化

数字化配电网规划是将网格化规划体系进行场景化，形成"供电分区 – 供电网格 – 供电单元 – 平衡基团"的规划体系，分别对应"主网 – 配电网 – 接线组 – 地块/用户"，如图 4 – 12 所示。

二、目标网架规划方法

数字化配电网目标网架规划方法如图 4 – 13 所示，通过选取典型接线将平衡基

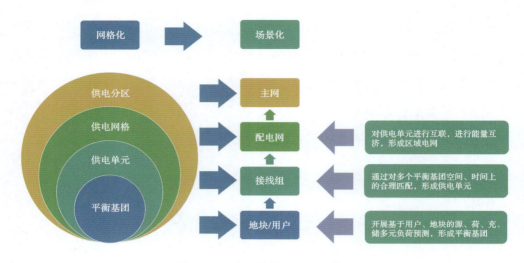

图 4－12　数字化配电网规划体系

团合理匹配，通过形成能量互济的方式将单元有序聚合，形成目标网架，运用数智化的手段进行保障，实现规划区高效、低碳运行。

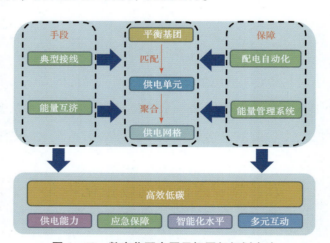

图 4－13　数字化配电网目标网架规划方法

1. 构建平衡基团

通过多种预测手段，对规划区源、荷、充、储等多元化负荷进行匹配，形成平衡基团。

2. 基团的合理匹配

选取典型接线将多个平衡基团进行匹配，形成局部供电单元。

3. 单元的有序聚合

考虑空间与时空将供电单元互联，实现能量互济，形成目标网架。

4.数智化运行

（1）建设集中式 FA，通过快速故障处理，提升自动化水平。

（2）利用能量管理系统，实现主、配、微、基的多级协同，聚合互动。

三、过渡网架规划方法

按照区域建设成熟度不同，过渡网架规划方法分为建设区与建成区两种类型。

1.建设区

按照目标网架规划方案，依据地块开发时序，制定规划方案，建设改造思路如图 4－14 所示。

目标网架　　　　　　　地块开发时序　　　　　　规划方案

图 4－14　建设区建设改造思路

2.建成区

依据对比平衡基团与供电单元的源、荷、储、充等多元负荷现状与目标，判断平衡基团、供电单元的成熟度，依据供电单元的成熟度，有序安排建设改造时序，建设改造思路如图 4－15 所示。

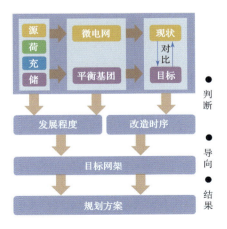

图 4－15　建成区建设改造思路

（1）发展程度判断。按照平衡基团、供电单元，对现状的源、荷、充、储与目标进行对比，判断平衡基团、供电单元发展程度。

（2）规划方案制定。

1）依据供电单元成熟度进行排序，有序安排建设改造时序。

2）以目标网架为导向，有序制定建设改造方案，形成近、中期规划方案。

第五章

现代智慧配电网规划典型案例

第一节　源储充一体化新型配电网规划典型案例

为验证本书所提出的新型电网网架规划方法及风光水储一体化建设方案的有效性，分别选取典型变电站及其所属馈线作为算例网络，进行算例仿真并对仿真结果进行分析。其中，本章第二节第一部分主要进行配电网网架扩展规划，对应第四章第四节第三部分新型配电网网架规划方法研究的内容；本章第二节第二部分主要进行风光水储一体化配置，对应第四章第四节第五部分"源－网－荷－储－充"一体化配置模型的内容。

注：本节所涉数据等均仅用于讲解和演示，不含真实信息。

一、　网架扩展规划方案

以横街变为例，横街变及其所连的若干条馈线组成一个如图 5 – 1 所示的 24 节点算例网络，电压等级为 10kV，在节点 10、14、23 接入光伏机组，装机容量均为 1MW；节点 6 接入储能电站，容量为 2MW。

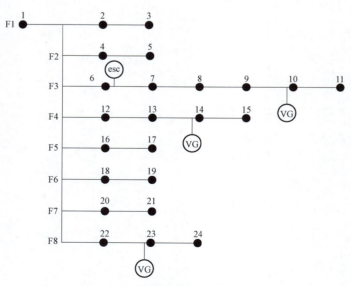

图 5 – 1　横街变 24 节点算例网络

其中，算例网络简化接线图母线对照表如表 5 – 1 所示。对于简化接线图中节点的选择，有开关站接入的馈线，一般以每个开关站作为一个节点，如馈线 4 横林

A725 线，其示意图如图 5-2 所示；对于没有开关站接入，馈线长度又比较长的馈线，如馈线 3 朱敏 A719 全长超 50km，选择每隔一段距离作为一个节点。

表 5-1　　　　　　　　　　算例网络简化接线图母线对照表

原始馈线	简化馈线	原始馈线	简化馈线
林电 A714	F1	西村 A711	F5
林海 A705	F2	居士 A716	F6
朱敏 A719	F3	大雷 A713	F7
横林 A725	F4	横街 A706	F8

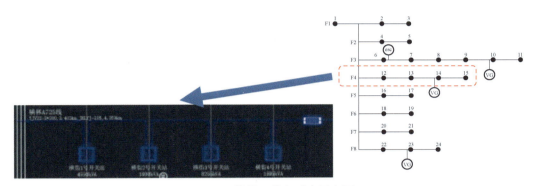

图 5-2　馈线 4 节点对应示意图

算例中的部分参数如表 5-2 所示。

表 5-2　　　　　　　　　　算例中部分参数表

参数	数值	参数	数值
r_{in}	0.01	T/h	24
η^{dch}	0.95	$c_L/(万元/km)$	100.275
η^{ch}	0.95	$c_S/(万元/MW)$	150.725
β^{sdic}	0.01		

基于上述数据形成配电网双层规划模型，利用 KKT 条件将下层优化运行层转化为约束条件，并入上层规划层，则原模型转化为单层混合整数规划模型，可直接利用 matlab 中的 yalmip 最优化求解器进行求解。求解得到的网络规划结果如图 5-3 所示，其中红色线路为规划年扩容线路。

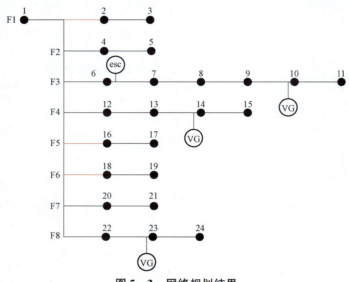

图 5 - 3 网络规划结果

规划前后各馈线首端线路的最大潮流如图 5 - 4 所示，可以看到，馈线 3 和馈线 4 由于储能电站及光伏电站的接入，首端线路的最大潮流明显下降，从而延缓了线路扩建的需求。

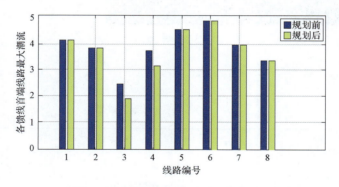

图 5 - 4 规划前后各馈线首端线路最大潮流

但对于馈线 8，虽然同样接入了光伏电站，但接入前后首端线路的最大潮流并未发生变化，因此绘制出一天内节点 23 光伏电站的出力及馈线 8 首端线路的潮流如图 5 - 5 所示。从图中可以看出，由于光伏电站出力的间歇性，虽然光伏电站的最大出力能够达到 1MW 左右，但是在负荷的晚高峰，也是馈线 8 当日负荷最大的时候，光伏电站的出力为 0，无法起到削峰的作用，证明了为分布式光伏及光伏电站配置储能的重要性。

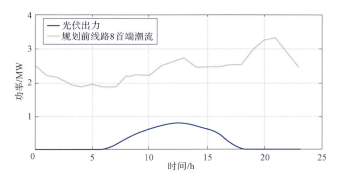

图 5 – 5　节点 23 光伏电站出力及馈线 8 首端线路潮流

二、风光水储一体化建设方案

以余山变为例，余山变的物理接线图如图 5 – 6 所示，取余山变 Ⅱ 段母线及其所连的若干条馈线作为算例网络，电压等级为 10kV，其中棠溪 T236 为水电专线，计算时涉及的部分参数如表 5 – 3 所示。

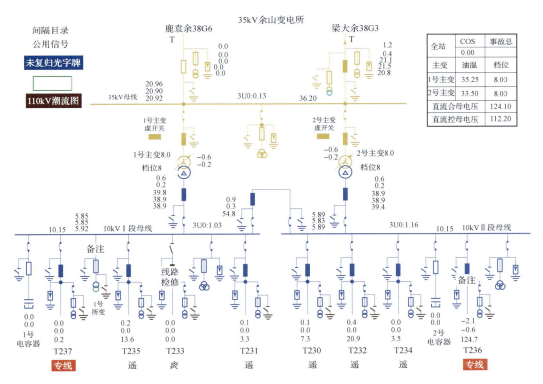

图 5 – 6　余山变物理接线图

表 5 - 3 模型相关参数

参数	数值	参数	数值
r	0.9	c_w（万元/MW）	480
η_c	0.95	c_v（万元/MW）	600
η_d	0.95	c_s（万元/MW）	155
Y	20	c_{wom}（万元/MW）	10
α	0.01	c_{vom}（万元/MW）	4
D	0.9	c_{som}（万元/MW）	10

接着，调用 MATLAB 非线性规划求解函数 *fmincon* 对模型进行求解，得到应配置的风光储容量，如表 5 - 4 所示。

表 5 - 4 风光储配置容量

类型	风电	光伏	储能
容量（MW）	9.87	7.20	6.6

图 5 - 7 为总负荷及各电源的联合出力情况，其中蓝色曲线为总负荷曲线；红色曲线为按照推荐的风光储容量进行配置的风光水储联合出力曲线；橙色曲线为只配置同等容量的光伏时的光水联合出力曲线。从图 5 - 7 可以看出，在早 8 点到下午 5 点的时间段，由于光伏的出力较高，所以无论风光水储一体化配置还是只配置光伏，负荷需求都能够得到满足；但在光伏出力几乎为 0 的凌晨和夜晚，光伏和水电的联合出力变得非常小，根本无法满足负荷的需求，但风光水储一体化配置则可以利用风光水出力的互补特性及储能的源荷二重性，更好地满足负荷的需求。

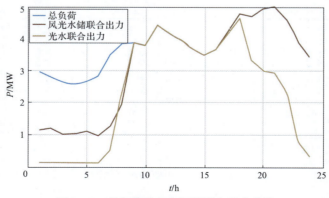

图 5 - 7 总负荷及各电源的联合出力曲线

如图 5 – 8 所示，橙色曲线和蓝色曲线分别是光水联合配置与风光水储联合配置条件下的弃电量曲线。从中可以看出，仅配置高比例的光伏会导致较高的弃光率，出现光伏出力较高时电用不完，出力较低时电不够用的情况。而进行风光水储一体化配置，不仅能够减少风光的配置容量，从而降低高峰出力时的消纳压力，还能够利用储能促进风电和光伏的消纳，降低弃风弃光率。

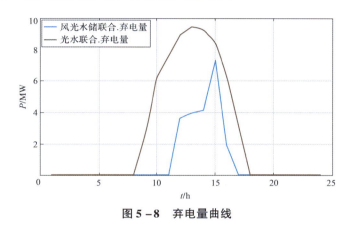

图 5 – 8　弃电量曲线

第二节　高效互动新型配电网规划典型案例

为验证本书所提出的场景化规划方法的有效性，选取典型区域开展高效互动新型配电网规划工作实践。

注：本节所涉数据等均仅用于讲解和演示，不含真实信息。

一、规划区概况

本次规划区位于宁波前湾新区智慧产业园，西至兴慈六路、北至十横塘江、东至兴慈三路、南至滨海一路，区域面积 12.14km²。规划区区位图如图 5 – 9 所示。

（一）国土空间规划

根据《前湾新区国土空间总体规划（2021—2035）》，规划区土地规划以工业用地（4.9km²）为主，占比达到建设用地的 80%，其余公共管理与公共服务用地（0.3km²）、居住用地（0.28km²）、商业服务业用地（0.6km²），占比分别为 5%、5%、10%。

规划区建设用地平衡表如表 5 – 5 所示。

图 5 – 10 为规划区用地规划图。

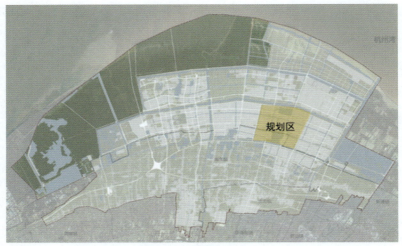

图 5 – 9　规划区区位图

表 5 – 5　　　　　　　　　　　　　　规划区建设用地平衡表

序号	建设用地类型	面积（km²）	占比（%）
1	工业用地	4.9	80
2	仓储用地	0.06	1
3	公共管理与公共服务用地	0.3	5
4	居住用地	0.28	5
5	商业服务业用地	0.6	10
合计	—	6.14	100

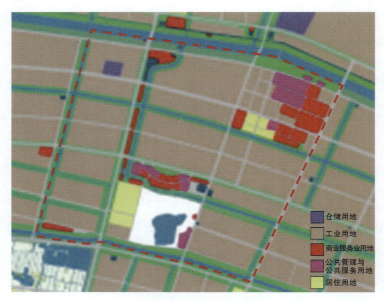

图 5 – 10　规划区用地规划图

（二） 地块开发情况

调研目前规划区土地开发情况，如图 5 – 11 所示，规划区约有 85% 的建设用地已开发建设，建设成熟度较高。约 0.86km² 的土地可开发利用，其中工业用地 0.67km²，仓储用地 0.03km²，商业服务业用地 0.16km²，如表 5 – 6 所示。

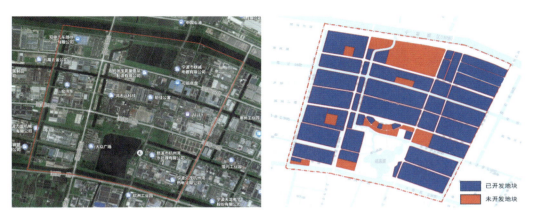

图 5 – 11　地块开发情况示意图

表 5 – 6 未开发地块情况统计表

序号	建设用地类型	面积（km²）
1	工业用地	0.67
2	仓储用地	0.03
3	商业服务业用地	0.16
合计	—	0.86

（三） 资源禀赋

根据浙江日照小时数分布图（见图 5 – 12），前湾新区年日照数在 1900h 左右，平均太阳能年辐射量约 4700MJ/m²，处于较高水平，较适合利用光伏发电项目发展。

对规划各类用地已建光伏屋顶面积和还可利用光伏屋顶面积进行梳理，发现规划区可利用屋顶面积约 3.52km²，如图 5 – 13 所示。

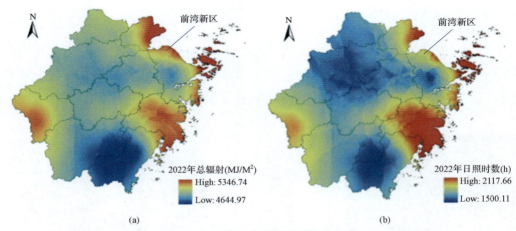

图 5 – 12　浙江省太阳能资源分布图

（a）浙江省年平均总辐射分布示意图；（b）浙江省日照时数分布图

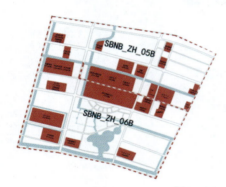

序号	用地类型	面积（km²）	分布式光伏已用面积（km²）	剩余面积（km²）
1	工业用地	4.9	2.62	2.28
2	仓储用地	0.06	0	0.06
3	公共管理与公共服务用地	0.3	0	0.3
4	居住用地	0.28	0	0.28
5	商业服务业用地	0.6	0	0.6

图 5 – 13　可利用屋顶资源分布示意图

二、电网现状

（一）电网规模

目前为规划区供电的 110kV 变电站有 5 座，主变 12 台，总变电容量 600MVA。共有 10kV 线路 45 条，其中 10kV 公用线路 41 条，公用线路总长 240.022km；配变 379 台，总容量 276.45MW，其中公变 13 台，总容量 9.8MVA。规划区现状电网如图 5 – 14 所示。

（二）高压配电网概况

1. 总体规模

范围内涉及 110kV 变电站 5 座，主变 12 台，总变电容量 600MVA，具体情况如表 5 – 7 所示。

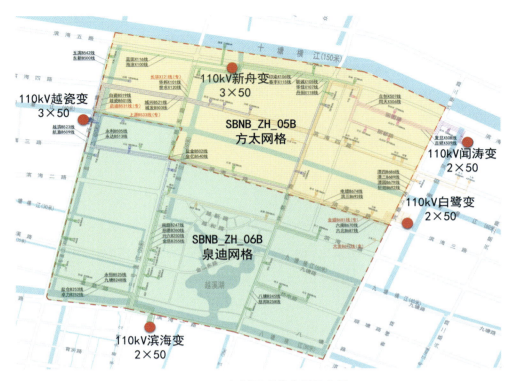

图 5 – 14　规划区现状电网示意图

表 5 – 7　　　　　　　　　　　　　　变电站清单

序号	变电站名称	主变名称	电压等级（kV）	单主变容量（MVA）	主变容量（MVA）	变电站负载率（%）	单主变负载率（%）	10kV总间隔数	10kV剩余间隔数	投运时间
1	越瓷变	1#	110/10	50	150	70.83	80.74	36	2	2009/10/1
		2#	110/10	50			59.52			2009/10/1
		3#	110/10	50			72.24			2019/6/1
2	白鹭变	1#	110/35/10	50	100	79.53	70.76	24	1	2008/3/1
		2#	110/35/10	50			88.30			2009/7/1
3	滨海变	1#	110/35/10	50	100	77.11	83.94	24	2	2003/12/1
		2#	110/35/10	50			70.28			2006/12/1
4	新舟变	1#	110/10	50	150	44.95	43.24	36	9	2014/6/1
		2#	110/10	50			47.90			2014/6/1
		3#	110/10	50			43.72			2021/6/2

续表

序号	变电站名称	主变名称	电压等级（kV）	单主变容量（MVA）	主变容量（MVA）	变电站负载率（%）	单主变负载率（%）	10kV总间隔数	10kV剩余间隔数	投运时间
5	闻涛变	1#	110/10	50	100	73.70	79.40	24	3	2018/8/1
		2#	110/10	50			68.00			2018/8/1

2. 承载能力

（1）装备情况

110kV越瓷变、新舟变、闻涛变3座变电站7台主变均为110/10kV主变，110kV白鹭变、滨海变2座变电站4台主变均为110/35/10kV主变；5座110kV变电站，单台主变容量均为50MVA，无单主变运行的变电站，无运行年限过长的变电站。

（2）负载情况

规划区5座110kV变电站中，7台主变最大负载率平均值为67.34%，无重过载主变，主要因为变电站所供负荷均为工业负荷，且该区域目前负荷发展相对成熟，导致主变负荷相对较大，如图5-15所示。

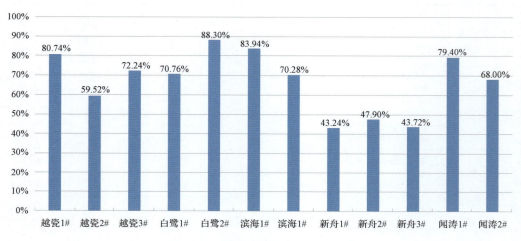

图 5-15　各主变负载情况

3. 运行效能

为规划区供电的5座110kV变电站中，越瓷变、白鹭变、滨海变、闻涛变间隔平均负载率为 30.93%、33.91%、33.33%、30.14%，新舟变变电站间隔平均负载率分别为 24.59%。具体情况如表 5-8 所示。

表5-8　　　　　　　　　　规划区各变电站间隔利用率统计表

序号	变电站名称	线路条数（条）	间隔平均负载率（%）
1	越瓷变	34	30.93
2	白鹭变	23	33.91
3	滨海变	22	33.33
4	新舟变	25	24.59
5	闻涛变	21	30.14

4. 自愈能力

（1）网架结构

110kV 新舟变、闻涛变、越瓷变、白鹭变 4 座变电站均采用双链接线，110kV 滨海变为单链接线，网架结构标准化程度高。具体网架结构拓扑如图 5-16 所示。

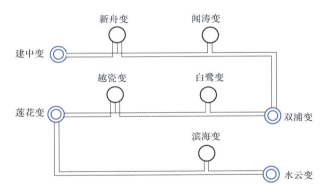

图5-16　网架结构拓扑图

（2）主变 $N-1$

在不考虑配电网转供的情况下，110kV 越瓷变、白鹭变、滨海变、闻涛变不满足主变 $N-1$ 校验。

考虑配电网负荷转供的情况下，5 座变电站均能满足主变 $N-1$ 校验。具体情况如表 5-9 所示。

表 5 – 9 规划区各变电站主变 $N-1$ 校验

序号	变电站名称	主变名称	电压等级（kV）	单主变容量（MVA）	主变容量（MVA）	变电站负载率（%）	单主变负载率（%）	是否通过主变 $N-1$ 校验 不考虑下级配电网负荷转供	考虑配电网负荷转供
1	越瓷变	1#	110/10	50	150	55.16	60.80	否	是
		2#	110/10	50			49.54	否	是
		3#	110/10	50			55.14	否	是
2	白鹭变	1#	110/35/10	50	100	72.09	76.58	否	是
		2#	110/35/10	50			67.60	否	是
3	滨海变	1#	110/35/10	50	100	69.76	76.08	否	是
		2#	110/35/10	50			63.44	否	是
4	新舟变	1#	110/10	50	150	39.15	61.62	是	是
		2#	110/10	50			49.38	是	是
		3#	110/10	50			6.46	是	是
5	闻涛变	1#	110/10	50	100	59.62	59.40	否	是
		2#	110/10	50			59.84	否	是

（三）中压配电网概况

1. 网架结构

现状 10kV 线路网架结构均为电缆双环网，10kV 线路环网率、标准接线比率、站间联络率均为 100%。规划区以电缆网为主，存在少量架空线路，电缆主干线导线截面积以 300mm² 为主，无小截面导线。具体情况如图 5 – 17 所示。

2. 运行效率分析

（1）10kV 线路负载水平

1）10kV 线路最大负载率平均值为 31.81%，其中电镀 B674 线、滨三 B693 线重载。具体情况如表 5 – 10 所示。

2）10kV 电镀线装接容量为 7695kVA，均为工业负荷，导致线路重载；10kV 滨三线装接容量为 14230kVA，均为工业负荷，导致线路重载。具体情况如表 5 – 11 所示。

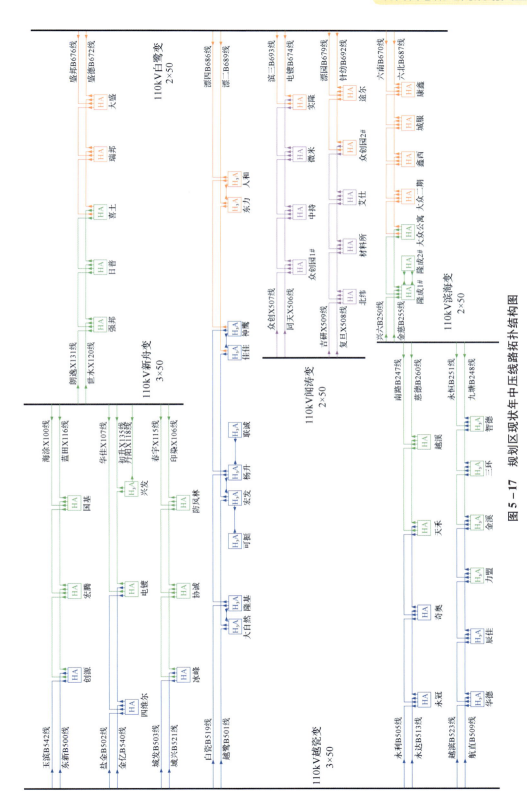

图 5-17　规划区现状年中压线路拓扑结构图

表 5 – 10　　　　　　　　　　　　10kV 公用线路负载率分布

线路负载率（％）	0 ～ 20	20 ～ 50	50 ～ 70	70 ～ 90	90 ～ 100	100 以上
线路条数（条）	15	17	7	1	1	0
占比（％）	36.59	41.46	17.07	2.44	2.44	0

表 5 – 11　　　　　　　　　　　　规划区重载线路统计表

序号	线路名称	所属变电站	电压等级（kV）	限额电流（A）	最大电流（A）	负载率（％）
1	电镀 B674 线	白鹭变	10	600	507	84.57
2	滨三 B693 线	白鹭变	10	600	599	99.9

（2）10（20）kV 公变运行情况

规划区现状共有公用配变 13 台，平均负载率 11.31％，无重载、过载运行配变，11 台配变负载率小于 20％，处于轻载运行，均为居住小区，小区入住率低，导致负荷较低。具体情况如表 5 – 12 所示。

表 5 – 12　　　　　　　　　　　　规划区配变台区负载情况统计表

序号	网格名称	配变（台）	配变平均负载率（％）	运行情况（台）				
				< 20%	20% ～ 40%	40% ～ 60%	60% ～ 80%	≥80%
1	方太网格	0	—	0	0	0	0	0
2	泉迪网格	13	11.31	11	2	0	0	0
3	规划区	13	11.31	11	2	0	0	0

3. 自愈能力分析

（1）线路 $N – 1$ 校验

规划区中压公用线路 $N – 1$ 通过率为 90.24％，4 条 10kV 线路无法满足 $N – 1$ 校验，分别为城兴 B521 线、滨三 B693 线、朗逸 X131 线、八塘 B245 线。具体情况见表 5 – 13、表 5 – 14。

表 5 – 13 各网格 $N-1$ 通过情况统计表

序号	网格名称	线路条数（条）	满足 $N-1$ 线路条数（条）	$N-1$ 通过率（%）
1	方太网格	25	23	92
2	泉迪网格	16	14	87.5
3	规划区	41	37	90.24

表 5 – 14 不满足 $N-1$ 校验的线路清单

序号	线路名称	所属变电站	限额电流	最大电流	联络线路			
					线路名称	所属变电站	限额电流	最大电流
1	朗逸 X131 线	新舟变	653	427.60	八塘 B245 线	滨海变	600	293.77
2	八塘 B245 线	滨海变	600	293.77	朗逸 X131 线	新舟变	653	427.60
3	城兴 B521 线	越瓷变	600	251.84	滨三 B693 线	白鹭变	600	599.38
4	滨三 B693 线	白鹭变	600	599.38	城兴 B521 线	越瓷变	600	251.84

（2）配电自动化

规划区配电自动化有效覆盖率为 80.48%，有待进一步提升。具体情况见表 5 – 15。

表 5 – 15 中压线路配电自动化情况统计明细表

序号	网格名称	线路条数（条）	配电自动化有效覆盖线路条数	配电自动化有效覆盖率（%）
1	方太网格	25	20	80
2	泉迪网格	16	13	81.25
3	规划区	41	33	80.48

三、多元化负荷现状

1. 源的现状

分布式电源以分布式光伏为主，2023 年装机容量为 88.49MW，2016—2023 年分布式光伏装机容量年均增速 48%，呈现跳跃式发展，如图 5 – 18 所示。

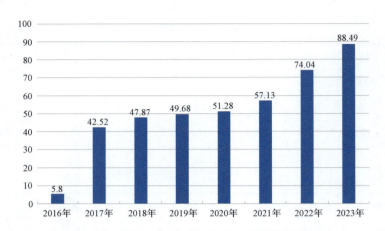

图 5－18   2016－2023 年规划区分布式光伏增长情况

通过对新区分布式光伏实际出力曲线（见图 5－19）的分析，分布式光伏大发时刻在上午的 10 点到下午的 14 点，峰值出力约为分布式光伏装机的 60%，低谷出力约为分布式光伏装机的 13%。

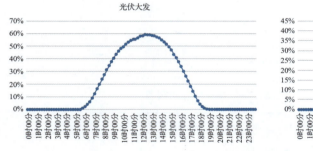
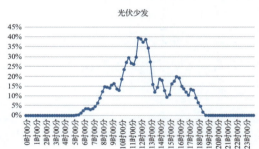

图 5－19   光伏出力曲线

2. 荷的现状

如图 5－20 所示，规划区 2023 年尖峰负荷为 204.5MW；基本负荷 152MW，约为尖峰负荷的 74%；低谷负荷 40.9MW，约为尖峰负荷的 20%。

3. 充的现状

电动汽车主要包括私家车、出租车、网约车、公交车等，不同类型的电动汽车充电设施布局原则不同，人均电动汽车保有量、车桩比、快慢充桩比存在差异。详细的充电设施布局成果需参考电动汽车充电设施布局专项规划，中远期充电负荷预测以布局成果为依据，近期充电负荷预测应综合考虑布局成果与用户报装。

图 5－20　规划区年曲线

单桩负荷：单座快充桩充电负荷为 30～120kW，单座慢充桩负荷为 3.3～7kW。考虑私家车主要采用慢充为主，快充为辅，出租车与网约车快充为主、慢充为辅，公交车为快充。

（1）出租车

从行驶特性来看，出租车在时间和空间两个维度均呈现出较强的随机特性。从运营管理来看，出租车一般由专业化出租车公司或网约车平台集中运营管理，日均行驶里程为 350～500km。运营模式一般实行昼夜轮班模式，即 12 小时交接班一次。出租车行驶里程长，受换班、用餐和夜间运行等因素影响，一天需多次充电。相关研究表明，电动出租车充电开始时刻呈分段概率分布的特点，其对应的每次充电前的行驶里程也具有分段分布的特点，分为 4 个时段，分别为 0：00～9：00、9：00～14：00、14：00～19：00、19：00～24：00，各时段充电特性均服从正态分布。

（2）公交车

从行驶特性来看，电动公交车呈现高度规律的特性，行驶路线与运营时间相对固定，一般集中在白天运行，夜间停放。公交车日均行驶里程为 150～200km。不考虑夜间班车，公交车首班发车时间一般为 5：30～6：30，末班发车时间一般为 20：00～21：00，每天上下班时间（6：30～9：00，16：30～18：30）为公交车运行高峰时段，发车间隔一般平均为 5 分钟，所有车辆均参与运行，其余时段发车间隔则较长，约 10～15 分钟。电动公交车如果在每天运营前充满电，正好可以满足一天运营需求，中途一般不需要进行补电。鉴于此，假设公交车每日一充，即公交车结束一天运营后开始充电。

（3）私家车

从行驶特性来看，私家车充电地点主要集中在住宅区、工作区及商场超市等公共场所，日均行驶里程为 30~100km，充电频次为多日一充，每周 1~3 次充电。相关研究表明，工作日，私家车在白天时段 8：00~20：00 多在工作区充电，呈近似均匀分布；在 20：00~7：00 多在住宅区充电，呈正态分布。

充电设施充电特性如图 5-21 所示。

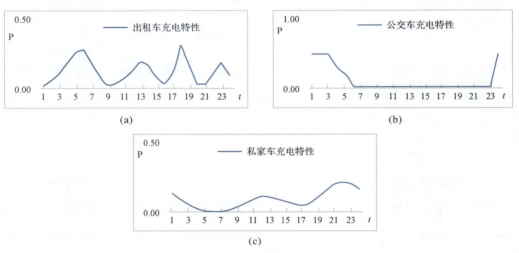

图 5-21　充电设施充电特性示意图

（a）出租车充电特性曲线图；（b）公交车充电特性曲线图；（c）私家车充电特性曲线图

规划区现状充电设施装机容量为 70kW，处于起步阶段。

4. 储的现状

规划区储能设施以用户侧储能为主，装机容量为 5.74MW。现状储能设施清单见表 5-16，规划区多元负荷分布见图 5-22。

表 5-16　　　　　　　　　　　现状储能设施清单

序号	储能用户	储能容量（MW）	接入方式
1	××电镀园	3.44	高压
2	××电镀	0.3	低压
3	××印染	2	高压

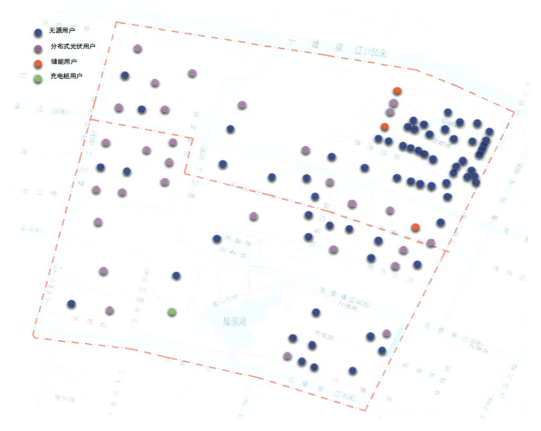

图 5 – 22　规划区多元负荷分布图

四、现状小结

1. 规划区区域特点

规划区负荷类型以工业负荷为主，工业用地占约占建设用地的 80%，约有 85% 的建设用地已开发建设，建设成熟度较高。从资源禀赋来看，规划区适合分布式光伏的发展。

2. 规划区多元负荷特性

规划区分布式光伏呈现跳跃式发展，但处于自然生长的状态，储能设施与充电设施较少，处于起步发展阶段，现状电网仍以保安全、可靠性为主，各类资源未做到有效聚合。

五、电力需求预测

1. 预测思路及方法

源网荷储一体化理想规划的电力需求预测，应充分考虑分布式电源、储能、充电设施等多元化负荷接入的影响。源网荷储一体化理想规划的电力需求预测应做到常规和新兴、分区和总量、近中期和远景、负荷和电源的全方位衔接，适应源网荷储一体化高效运行要求。电力需求预测思路（见图5-23）如下：

图 5-23　电力需求预测思路

（1）源侧：多方校核、预测装机规模

1）多种方法测算屋顶面积，得出测算依据。

2）技术可测、经济可测相互校核，得到初步结果。

3）能源消费转型校核，推荐最终预测结果。

（2）荷侧：优化方法、提升预测精准性

1）结合负荷发展现状，优化空间负荷预测。

2）利用成长曲线模型，预测发展规律。

3）拟合负荷特性曲线，测算峰荷、腰荷、谷荷。

（3）充侧：分析车位资源，测算充电规模

1）摸排车位规模，预测站点规模。

2）结合负荷特性，预测充电负荷规模。

（4）储侧：电源配储、用能调节相结合

1）考虑增量新能源配储，测算储能规模及分布。

2）考虑用户用能成本调节，估算用户侧储能规模。

3）利用电量平衡，测算电网侧储能规模。

2. 多元负荷预测

（1）源侧预测

1）基本原则

以分布式光伏资源摸排研究、分布式光伏布局规划等为基础，按照地面、屋顶光伏两大类进行布局。

地面光伏用地预测应加强与地方政府对接，先依照多规合一地图图选未列入永农、生态红线的闲置土地，再通过航拍等技术手段进行现场勘查，获取土地产权等信息，确定光伏开发可能性，最后汇总整理。

屋顶光伏根据《浙江省整县（市、区）推进分布式光伏规模化开发试点工作方案》估算屋顶光伏接入容量。现有建（构）筑物：车站、学校、医院、党政机关办公用房等公共建筑屋顶安装比例达到50%以上；商业建筑屋顶安装比例达到40%以上；特色小镇、开发区（园区）的建筑屋顶安装比例达到60%以上；农村户用屋顶安装比例达到30%以上。自来水厂、污水处理厂等公共基础设施的大型构筑物（建筑物）上空安装比例达到90%以上。新建建（构）筑物：新建工业厂房比例达到80%以上；新建民用建筑推广建筑一体化光伏发电系统，安装比例达到60%以上，其中未来社区安装比例达到80%以上；新建农村户用屋顶安装比例要达到40%以上。新建（改建）大型停车场地等公共基础设施安装比例达到100%左右。鼓励设施农业、设施畜（禽）养殖业等结合农牧业生产，在大棚、畜（禽）舍等安装分布式光伏。

2）容量预测方法

a. 地面光伏装机容量预测

$$P_{地} = S \cdot p$$

式中：$P_{地}$ 为地面光伏装机容量；S 为地面光伏占地面积；p 为单位面积装机容量，通常取 $50\text{W}/\text{m}^2$。

b. 屋顶光伏装机容量预测

$$P_{屋} = S_{政} \cdot p_{政} \cdot \gamma_{政} + S_{公共} \cdot p_{公共} \cdot \gamma_{公共} + S_{工商} \cdot p_{工商} \cdot \gamma_{工商} + S_{农} \cdot p_{农} \cdot \gamma_{农}$$

式中：$P_屋$为屋顶光伏装机容量；$S_政$、$S_公共$、$S_工商$、$S_农$分别为政府机关建筑、公共建筑、工商业厂房和农村居民屋顶面积；$p_政$、$p_公共$、$p_工商$、$p_农$分别为政府机关建筑、公共建筑、工商业厂房和农村居民屋顶单位面积装接容量，应根据安装条件进行确定，取值范围 50～120W/m² ；$\gamma_政$、$\gamma_公共$、$\gamma_工商$、$\gamma_农$分别代表政府机关建筑、公共建筑、工商业厂房和农村居民屋顶光伏开发比例，一般分别不低于50%、50%、40%和30%。

c. 容量预测

至2035年，规划区有分布式光伏装机130.21MW。分布式光伏预测统计表及分布式光伏分年度预测统计表见表5-17、表5-18。

表5-17　　　　　　　　　分布式光伏预测统计表

用地类型	面积			光伏装机测算（MW）		
	方太网格	迪泉网格	规划区	方太网格	迪泉网格	规划区
公共管理和公共服务设施	0.19	0.11	0.30	5.17	3.06	8.23
商业服务业设施	0.42	0.18	0.60	9.19	3.99	13.18
工业	2.25	2.64	4.90	49.10	58.40	107.50
居民	0.08	0.20	0.28	0	0	0.00
物流仓储	0.06	0.00	0.06	1.30	0	1.30
合计	3.01	3.13	6.14	64.76	65.45	130.21

表5-18　　　　　　　　　分布式光伏分年度预测统计表

序号	所属网格	2023年	2024年	2025年	2026年	2027年	2035
1	方太网格	43.94	47.13	50.56	54.24	58.18	64.76
2	迪泉网格	44.55	47.79	51.26	54.98	58.98	65.45
3	规划区	88.49	94.92	101.82	109.22	117.16	130.21

（2）荷侧预测

1）远景负荷预测

根据《前湾新区国土空间总体规划（2021—2035）》（在编）中规划区用地性质规划，对规划区采用空间负荷预测法进行负荷预测。最终得到远景年负荷预测结果。

a. 指标选取

根据规划区的发展情况，选取与规划区发展相适应的负荷密度的高、中、低指标和需用系数、容积率等指标。此外，综合考虑电动汽车充电桩等多元负荷需求，具体指标选取结果如表 5 – 19 所示。

表 5 – 19 规划区负荷分类及指标选取

用地名称			容积率	负荷指标（W/m²）		
				低	中	高
R	居住用地	R2	二类居住用地	2	15	20	25
		R3	三类居住用地	1	10	12	15
A	公共管理与公共服务用地	A1	行政办公用地	1.5	35	45	55
		A2	文化设施用地	1.5	40	50	55
		A3	教育用地	1.5	20	30	40
		A4	体育用地	1.5	20	30	40
		A5	医疗卫生用地	1.5	40	45	50
		A6	社会福利设施用地	1.5	25	35	45
		A7	文物古迹用地	1	25	35	45
		A9	宗教设施用地	1	25	35	45
B	商业设施用地	B1	商业设施用地	1	50	60	75
		B2	商务设施用地	1.3	50	60	75
		B4	公用设施营业网点	1	25	35	45
		B – R	商住混合用地	2	30	40	50
M	工业用地	M1	一类工业用地	2	45	55	70
		M2	二类工业用地	2	40	50	60
		M3	三类工业用地	2	40	50	60
W	仓储用地	W1	一类物流仓储用地	1	5	12	20
S	交通设施用地	S1	城市道路用地	1	2	3	5
		S4	交通场站用地	1	2	5	8
		S9	其他交通设施用地	1	2	2	2
U	公用设施用地	U1	供应设施用地	1	30	35	40
G	绿地	G1	公共绿地	1	1	1	1
		G2	防护绿地	1	1	1	1
		G3	广场用地	1	2	3	5
		GE	绿地河流混合用地	1	0	0	0

b. 远景年负荷预测结果

依据《前湾新区国土空间总体规划（2021—2035）》（在编），研究规划区用地性质分布及变化，同时选取负荷密度指标，利用空间负荷预测法，预测规划区远景年负荷结果，预测结果如表 5-20 所示。

表 5-20　　　　　　　　　　　　　远景年负荷预测结果

序号	所属网格	面积（km²）	2035 年预测结果（MW）			负荷密度（MW/km²）		
			低方案	中方案	高方案	低方案	中方案	高方案
1	方太网格	5.61	89.19	99.1	109.01	15.90	17.66	19.43
2	迪泉网格	6.53	106.49	118.32	130.15	16.31	18.12	19.93
3	规划区	12.14	195.68	217.42	239.16	16.12	17.91	19.70

根据负荷预测结果，到远景年规划区最大负荷在 195.68～239.16MW 之间，选取中方案为预测结果，即远景负荷预测结果为 217.42MW，平均负荷密度为 17.91MW/km²。

2）近、中期负荷预测

a. 预测思路及方法

此次规划中，对供电区历史用电数据收资较为完善，历史大用户用电数据、新增大用户及点负荷调研较为详尽。因此负荷方法选取主要立足规划区现状年用电水平，采用大用户加自然增长法进行。

b. 大用户负荷预测

规划区有兴业盛泰、泉迪化纤、科艺长毛绒 3 家 35kV 大用户，均位于泉迪网格，负荷约为 50MW。

c. 自然增长负荷预测

规划区 2 个网格开发建设成熟度及发展区域，预计保持低速（2%～3%）增长。

d. 近、中期负荷预测结果

至 2027 年，规划区最大负荷为 192.08MW，负荷密度达到 15.82MW/km²，年均增长率为 2.08%。具体情况见表 5-21。

（3）充侧预测

电动汽车主要包括私家车、出租车、网约车、公交车等，不同类型的电动汽车充电设施布局原则不同，人均电动汽车保有量、车桩比、快慢充桩比存在差异。详细的充电设施布局成果需参考电动汽车充电设施布局专项规划，中远期充电负荷预测以布局成果为依据，近期充电负荷预测应综合考虑布局成果与用户报装。

表 5 - 21　　　　　　　　　　近、中期负荷预测结果

序号	所属网格	供电面积（km²）	最大负荷						2023—2027 年年均增速（%）
			2023 年	2024 年	2025 年	2026 年	2027 年	2035 年	
1	方太网格	5.61	93.81	96.63	99.54	102.54	105.63	123.96	3.01
2	迪泉网格	6.53	110.69	113.58	116.54	119.58	122.7	140.88	2.61
3	规划区	12.14	204.5	210.21	216.08	222.12	228.33	264.84	2.79

单桩负荷：单座快充桩充电负荷为 30~120kW，单座慢充桩负荷为 3.3~7kW。考虑私家车主要采用慢充为主，快充为辅，出租车与网约车快充为主、慢充为辅，公交车为快充。充电桩位置如图 5 - 24 所示。

图 5 - 24　充电桩位置示意图

1）出租车

从行驶特性来看，出租车在时间和空间两个维度均呈现出较强的随机特性。从

运营管理来看，出租车一般由专业化出租车公司或网约车平台集中运营管理，日均行驶里程为 350~500km。运营模式一般实行昼夜轮班模式，即 12 小时交接班一次。出租车行驶里程长，受换班、用餐和夜间运行等因素影响，一天需多次充电。相关研究表明，电动出租车充电开始时刻呈分段概率分布的特点，其对应的每次充电前的行驶里程也具有分段分布的特点，分为 4 个时段，分别为 0：00~9：00、9：00~14：00、14：00~19：00、19：00~24：00，各时段充电特性均服从正态分布。

2）公交车

从行驶特性来看，电动公交车呈现高度规律的特性，行驶路线与运营时间相对固定，一般集中在白天运行，夜间停放。公交车日均行驶里程为 150~200km。不考虑夜间班车，公交车首班发车时间一般为 5：30~6：30，末班发车时间一般为 20：00~21：00，每天上下班时间（6：30~9：00，16：30~18：30）为公交车运行高峰时段，发车间隔一般平均为 5 分钟，所有车辆均参与运行，其余时段发车间隔则较长，约 10~15 分钟。电动公交车如果在每天运营前充满电，正好可以满足一天运营需求，中途一般不需要进行补电。鉴于此，假设公交车每日一充，即公交车结束一天运营后开始充电。

3）私家车

从行驶特性来看，私家车充电地点主要集中在住宅区、工作区及商场超市等公共场所，日均行驶里程为 30~100km，充电频次为多日一充，每周充电 1~3 次。相关研究表明，工作日，私家车在白天时段 8：00~20：00 多在工作区充电，呈近似均匀分布；在 20：00~7：00 多在住宅区充电，呈正态分布。

4）综合预测

结合不同种类电动汽车负荷特性和电动汽车充电设施空间布局规划成果、保有量分析结果与充电类型，可以通过计算预测不同时刻负荷：

$$P_{G2V,i} = (P_{快}\alpha_{私} + P_{慢}\beta_{私}) \times S_{私} + P_{快} \times S_{公} + (P_{快}\alpha_{租} + P_{慢}\beta_{租}) \times S_{租}$$

式中：$P_{G2V,i}$ 表示 i 时刻电动汽车充电负荷；$\alpha_{私}$、$\beta_{私}$ 分别表示私家车快充概率与慢充概率，其和等于 1；$\alpha_{租}$、$\beta_{租}$ 分别表示出租车网约车快充概率与慢充概率，其和等于 1；$S_{私}$、$S_{公}$、$S_{租}$ 分别表示私家车、公交车、出租 + 网约车数量之和，三类电动汽车的数量。

依据《宁波杭州湾新区停车系统规划》，规划区充电负荷预测结果见表 5 – 22。

表 5 – 22 充电负荷预测表

序号	所属网格	2023 年	2024 年	2025 年	2026 年	2027 年	2035 年
1	方太网格	0.18	0	0	0	0	0
2	迪泉网格	0.38	0.45	0.53	0.63	0.74	1.5
3	规划区	0.56	0.66	0.78	0.92	1.09	2.31

（4）储的预测

1）用户侧储能

a. 配置原则

①储能充电的功率 + 期间最大负荷要小于变压器容量的 80%，防止储能系统充电时变压器容量过载。

②白天电价高峰时段的负荷要大于储能放电峰值功率，才能充分利用储能套利。

③功率/容量计算：两充两放，取功率 $\min(X_1, X_2, X_3)$，则

$X_1 = （变压器容量 \times 0.8 - 谷段最大负荷功率) \times （谷段充电时间/对应峰段放电时间)$

$X_2 = （变压器容量 \times 0.8 - 平段最大负荷功率) \times （平段充电时间/对应峰段放电时间)$

$X_3 = 峰段最小负荷功率。$

④储能容量：功率 × 收益最合适的调峰时长。

⑤若多台变压器，需分别计算，根据实际情况配置储能设备。

b. 容量预测

新增用户侧储能 23.4MW/46.8MWh。

2）电源侧储能

配置于常规电源侧的电化学储能，有利于提升常规电源机组的调节性能和运行灵活性，其容量配置宜从满足机组最小技术出力和机组调节速度的角度考虑。配置于新能源发电侧的电化学储能，可实现新能源的平滑出力，提高风、光等资源的利用率。

a. 配置场景

根据新能源装机容量配置储能。

b. 配置原则

$$P_{\min} = K_1 \times 分布式光伏装机容量$$

其中 K_1 取值为：光伏发电 20%、风电 20%。

整县光伏推进县域按照集中式和分布式储能相结合的方式配置，其他地区考虑以分布式储能为主。源侧储能容量预测表见表5-23。

表5-23　　　　　　　　　　　　电源侧储能容量预测表

电源侧储能	容量（MW）		
	方太网格	泉迪网格	规划区
	2.11	0.27	2.38

3）储能预测结果

预计远景年规划区储能容量达到23.4MW/46.8MWh。具体情况见表5-24。

表5-24　　　　　　　　　　　　储能容量预测表

储能测	容量（MW）		
	方太网格	泉迪网格	规划区
电源侧储能	2.11	0.27	2.38
用户侧储能	14.44	6.58	21.02
合计	16.55	6.85	23.4

3. 预测结果

1）预测结果

根据电力需求预测结果（见表5-25），至2027年规划区全社会最大负荷为228.77MW，分布式光伏装机为117.16MW，最大出力为64.26MW，充电设施装机为1.09MW，负荷为0.44MW，储能设施装机为14.04MW/28.08MWh。

表5-25　　　　　　　　　　　　电力需求预测结果

序号	负荷类型	最大负荷（MW）					
		2023年	2024年	2025年	2026年	2027年	2035年
1	源	48.54	52.06	55.85	59.91	64.26	71.42
2	荷	204.5	210.21	216.08	222.12	228.33	264.84
3	充	0.22	0.26	0.31	0.37	0.44	0.92
4	储	5.74	7.18	8.98	11.23	14.04	23.4
5	全社会最大负荷	204.72	210.47	216.39	222.49	228.77	265.76

至 2035 年规划区全社会最大负荷为 265.76MW，分布式光伏装机为 130.21MW，最大出力为 71.42MW，充电设施装机为 2.31MW，负荷为 0.92MW，储能设施装机为 23.4MW/46.8MWh。

从负荷曲线图 5 – 25 可知，尖峰负荷及基本负荷下，规划区属于能源消费型；低谷负荷下，在光伏大发期间，属于能源送出型。

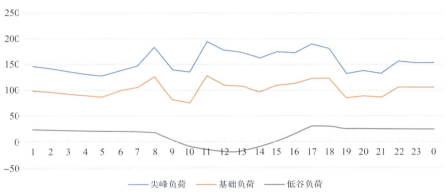

图 5 – 25 远景年规划区不同时段负荷曲线

2）电力平衡

如图 5 – 26 所示，规划区尖峰最大负荷为 265.76MW，10kV 公用负荷为 194.34MW。基本负荷为 197.69MW，网供负荷为 127.92MW；低谷负荷 53.12MW，网供负荷为 –18.3MW。电力平衡结果如表 5 – 26 所示。

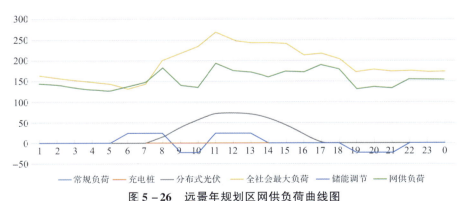

图 5 – 26 远景年规划区网供负荷曲线图

表 5 – 26 电力平衡结果

序号	负荷类型	最大负荷（MW）					
		2023 年	2024 年	2025 年	2026 年	2027 年	2035 年
1	全社会最大负荷	204.72	210.47	216.39	222.49	228.77	265.76

序号	负荷类型	最大负荷（MW）					
		2023 年	2024 年	2025 年	2026 年	2027 年	2035 年
2	35kV 大用户负荷	59	59	59	59	59	59
3	10kV 专线负荷	14.91	14.91	14.91	14.91	14.91	14.91
4	10kV 公用负荷	82.27	84.5	86.63	88.67	90.6	120.43

六、目标网架规划

1. 构建平衡基团

基于规划区国土空间规划、现状用户分布、土地出让情况，将规划区划分为 52 个平衡基团，如图 5 - 27 所示。

图 5 - 27　平衡基团范围划分图

基于各个平衡基团的源、荷、储、充等多元化负荷预测结果进行统计，按照尖峰负荷、基本负荷、低谷负荷，形成平衡基团的关口负荷，如图 5 - 28 所示。

各平衡基团不同时段关口负荷状态如表 5 - 27 所示。

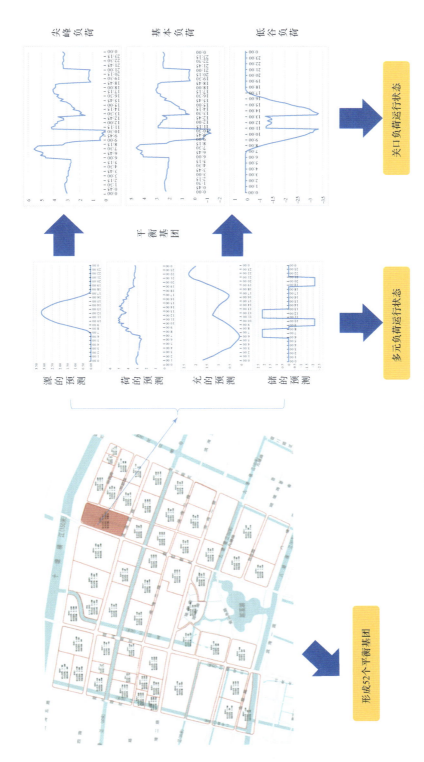

图 5-28　平衡基团关口负荷状态示意图

表 5 - 27　平衡基团不同时段关口负荷统计表

序号	平衡基团编号	多元负荷预测结果	尖峰负荷	基本负荷	低谷负荷
1	平衡基团 1	源：1.76MW 荷：3.7MW 储：0 充：0			
2	平衡基团 2	源：0.8MW 荷：3.51MW 储：0.59MW/1.18MWh 充：0.12MW			
3	平衡基团 3	源：3.5MW 荷：6.26MW 储：0 充：0			

续表

序号	平衡基团编号	多元负荷预测结果	尖峰负荷	基本负荷	低谷负荷
4	平衡基团 4	源：1.76MW 荷：3.7MW 储：0.11MW/0.22MWh 充：0.14MW		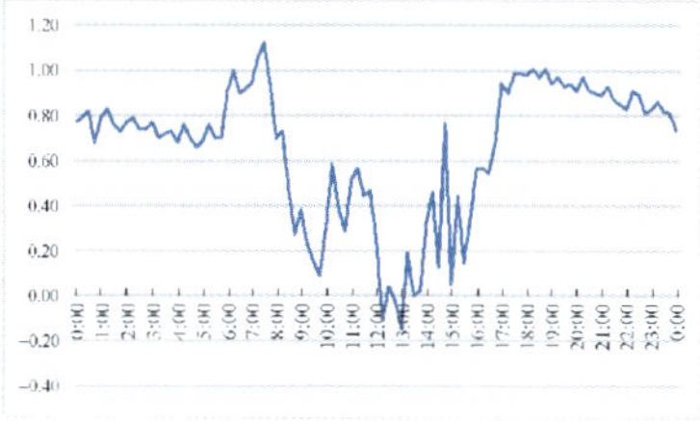	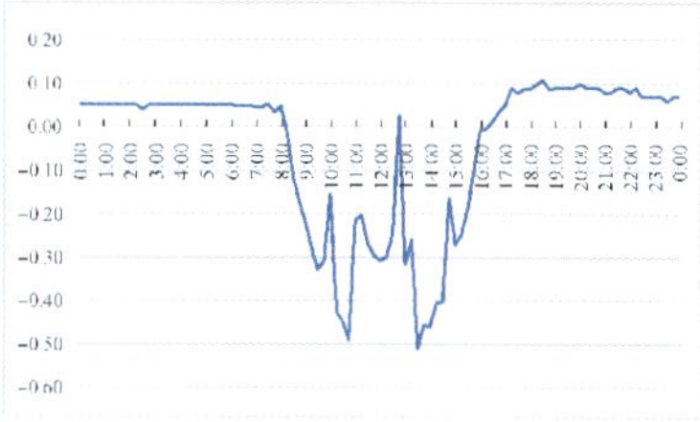
5	平衡基团 5	源：6.8MW 荷：8.23MW 储：1.39MW/2.78MWh 充：0.12MW	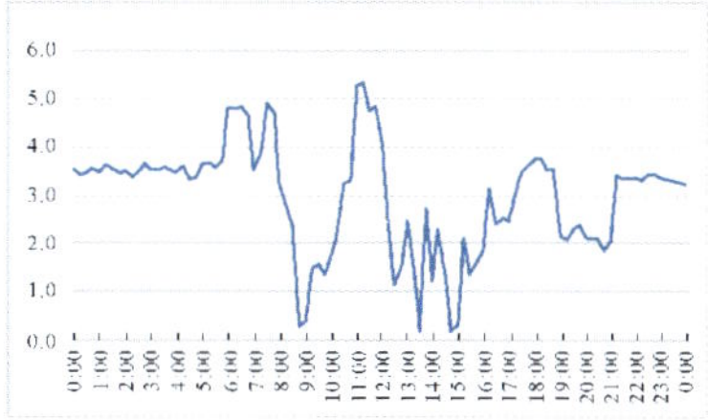	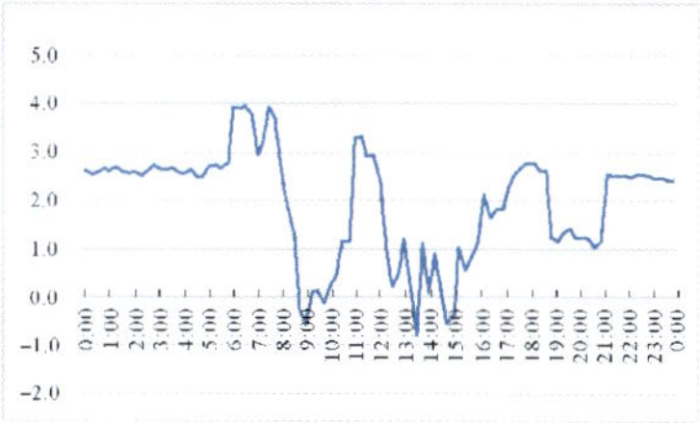	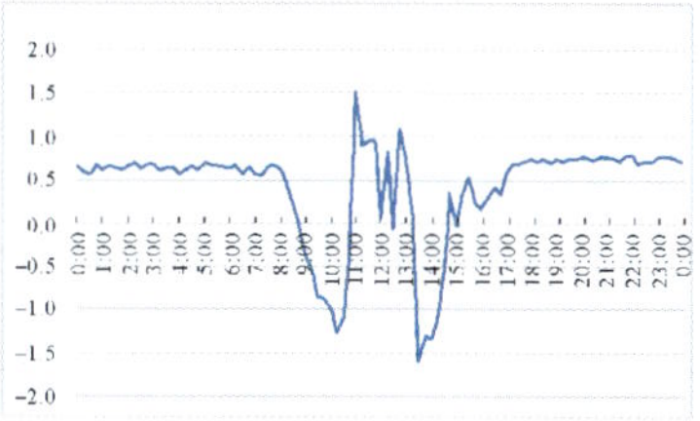
6	平衡基团 6	源：6.4MW 荷：8.12MW 储：1.22MW/2.44MWh 充：0.12MW	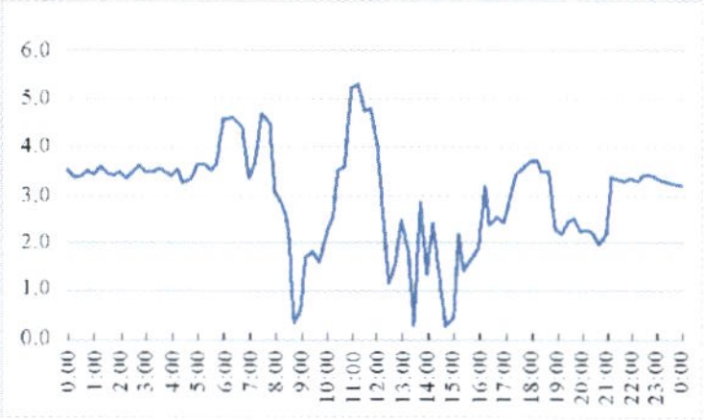	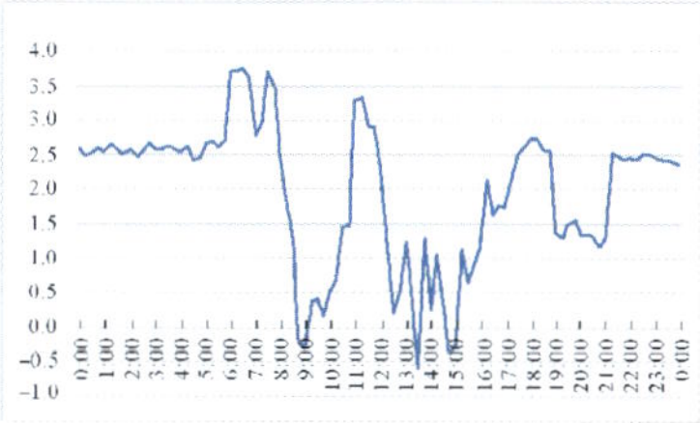	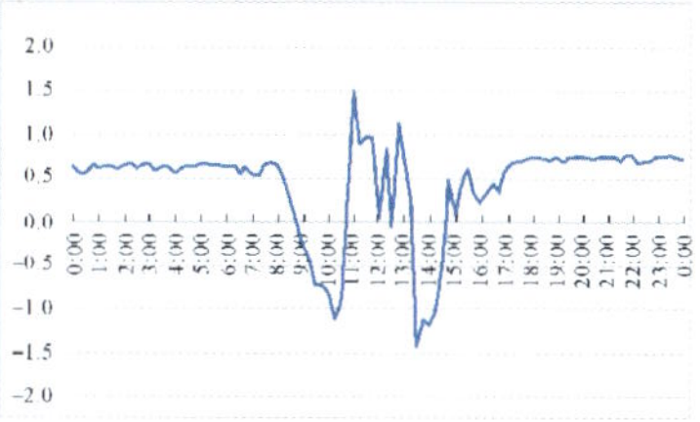

135

续表

序号	平衡基团编号	多元负荷预测结果	尖峰负荷	基本负荷	低谷负荷
7	平衡基团7	源：5.57MW 荷：5.11MW 储：2.15MW/4.3MWh 充：0.12MW			
8	平衡基团8	源：2.45MW 荷：1.28MW 储：0.37MW/0.74MWh 充：0			
9	平衡基团9	源：0 荷：0.31MW 储：0 充：0			

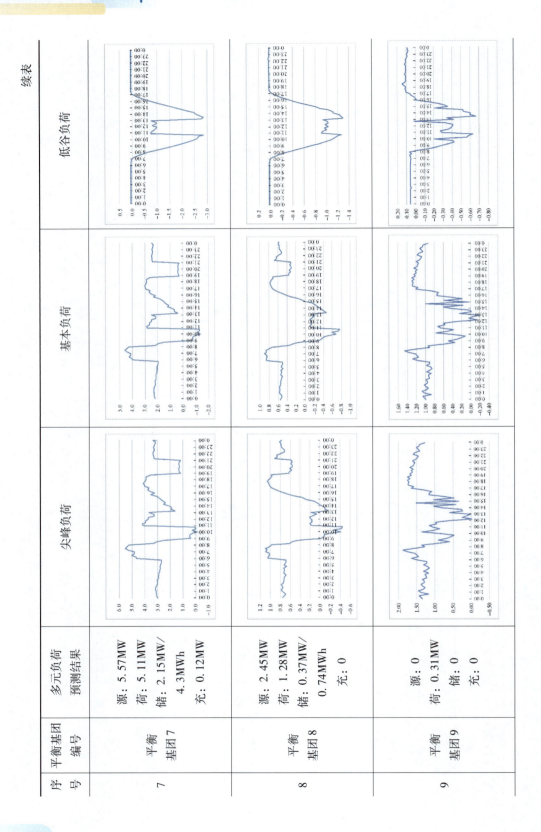

续表

序号	平衡基团编号	多元负荷预测结果	尖峰负荷	基本负荷	低谷负荷
10	平衡基团 10	源: 0.5MW 荷: 1MW 储: 0.06MW/0.12MWh 充: 0			
11	平衡基团 11	源: 0.98MW 荷: 1.2MW 储: 0.2MW/0.4MWh 充: 0			
12	平衡基团 12	源: 0 荷: 0.77MW 储: 0 充: 0			

续表

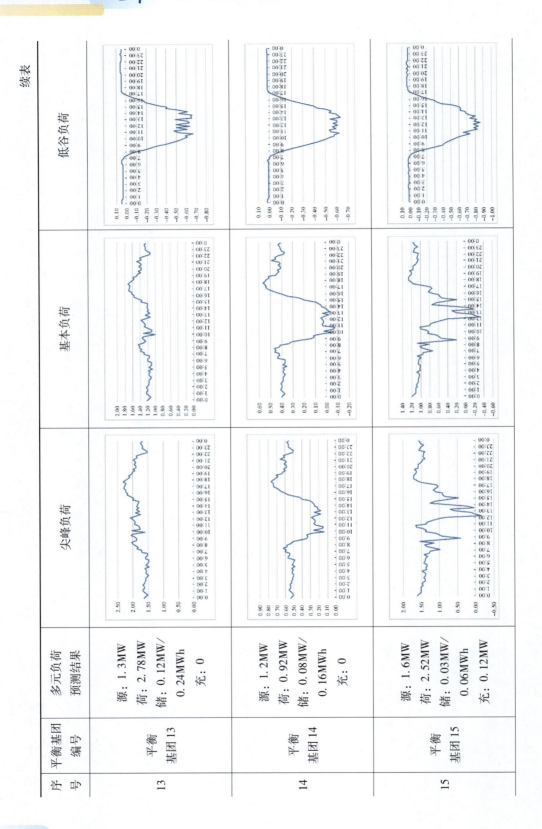

序号	平衡基团编号	多元负荷预测结果	尖峰负荷	基本负荷	低谷负荷
13	平衡基团13	源: 1.3MW 荷: 2.78MW 储: 0.12MW/0.24MWh 充: 0			
14	平衡基团14	源: 1.2MW 荷: 0.92MW 储: 0.08MW/0.16MWh 充: 0			
15	平衡基团15	源: 1.6MW 荷: 2.52MW 储: 0.03MW/0.06MWh 充: 0.12MW			

续表

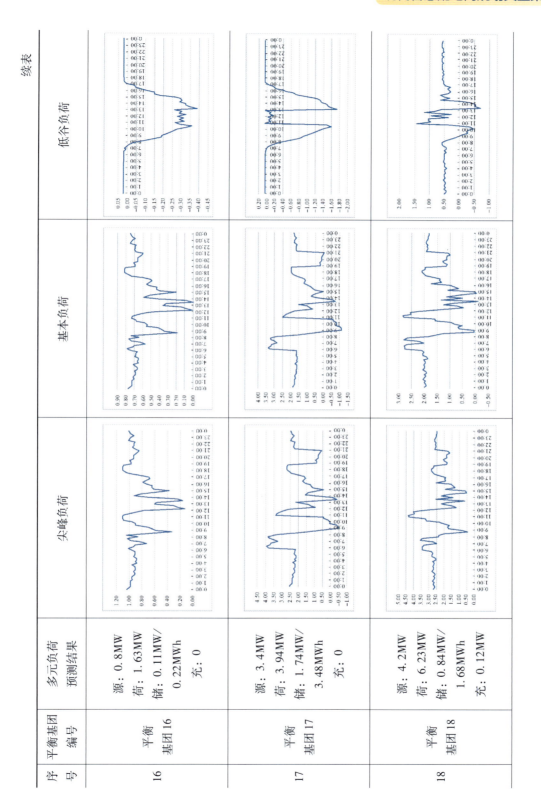

序号	平衡基团编号	多元负荷预测结果	尖峰负荷	基本负荷	低谷负荷
16	平衡基团 16	源：0.8MW 荷：1.63MW 储：0.11MW/0.22MWh 充：0			
17	平衡基团 17	源：3.4MW 荷：3.94MW 储：1.74MW/3.48MWh 充：0			
18	平衡基团 18	源：4.2MW 荷：6.23MW 储：0.84MW/1.68MWh 充：0.12MW			

续表

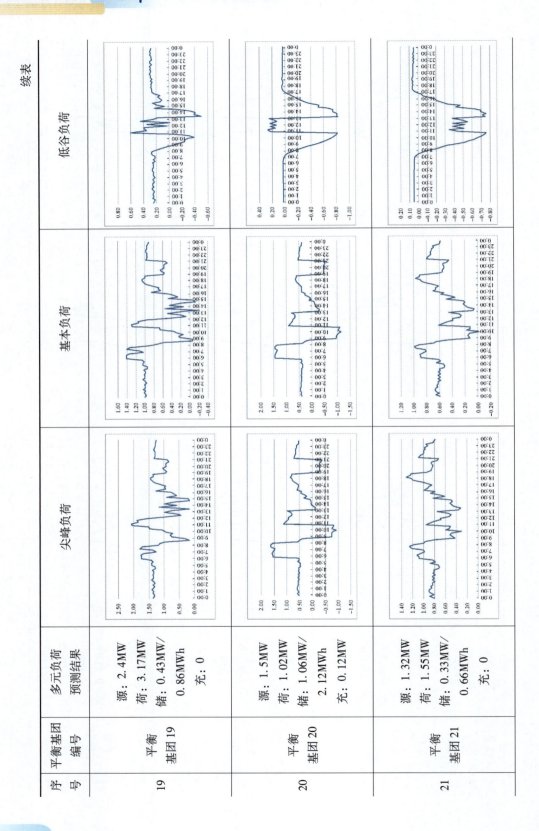

序号	平衡基团编号	多元负荷预测结果	尖峰负荷	基本负荷	低谷负荷
19	平衡基团 19	源：2.4MW 荷：3.17MW 储：0.43MW/0.86MWh 充：0			
20	平衡基团 20	源：1.5MW 荷：1.02MW 储：1.06MW/2.12MWh 充：0.12MW			
21	平衡基团 21	源：1.32MW 荷：1.55MW 储：0.33MW/0.66MWh 充：0			

续表

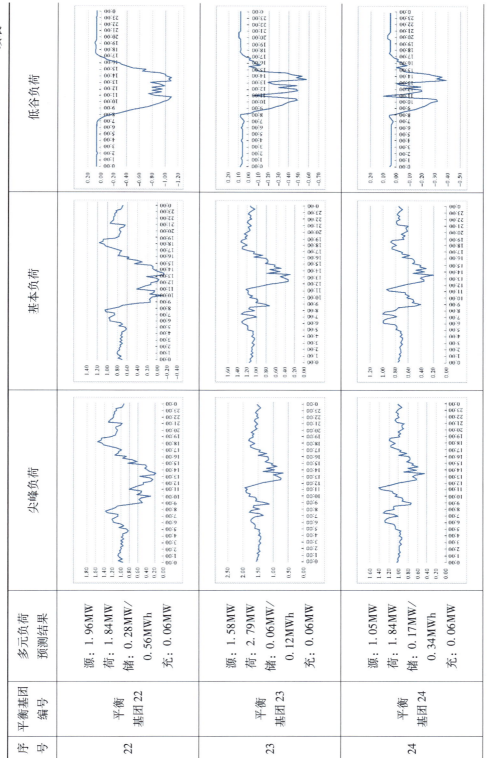

序号	平衡基团编号	多元负荷预测结果	尖峰负荷	基本负荷	低谷负荷
22	平衡基团 22	源：1.96MW 荷：1.84MW 储：0.28MW/0.56MWh 充：0.06MW			
23	平衡基团 23	源：1.58MW 荷：2.79MW 储：0.06MW/0.12MWh 充：0.06MW			
24	平衡基团 24	源：1.05MW 荷：1.84MW 储：0.17MW/0.34MWh 充：0.06MW			

续表

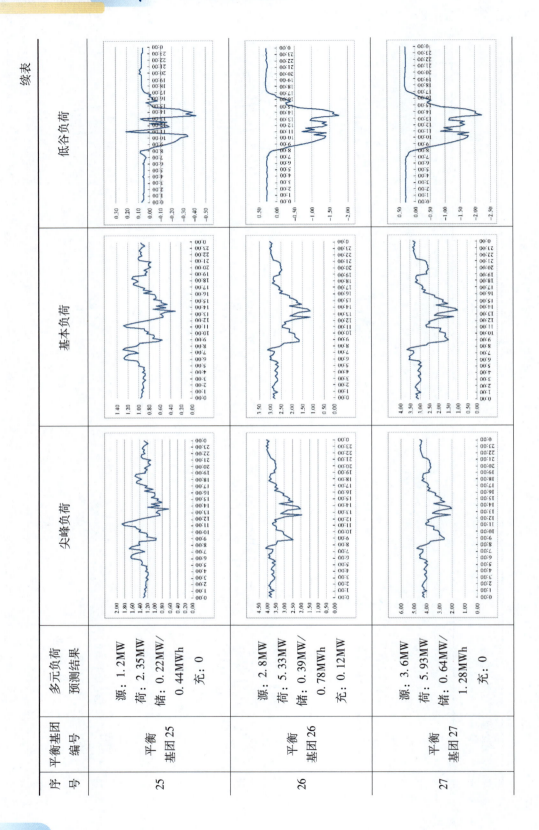

序号	平衡基团编号	多元负荷预测结果	尖峰负荷	基本负荷	低谷负荷
25	平衡基团25	源：1.2MW 荷：2.35MW 储：0.22MW/0.44MWh 充：0			
26	平衡基团26	源：2.8MW 荷：5.33MW 储：0.39MW/0.78MWh 充：0.12MW			
27	平衡基团27	源：3.6MW 荷：5.93MW 储：0.64MW/1.28MWh 充：0			

续表

序号	平衡基团编号	多元负荷预测结果	尖峰负荷	基本负荷	低谷负荷
28	平衡基团 28	源：1.98MW 荷：3.58MW 储：0.26MW/0.52MWh 充：0			
29	平衡基团 29	源：3.54MW 荷：3.93MW 储：1.75MW/3.5MWh 充：0.12MW			
30	平衡基团 30	源：2.7MW 荷：4.54MW 储：0.03MW/0.06MWh 充：0			

续表

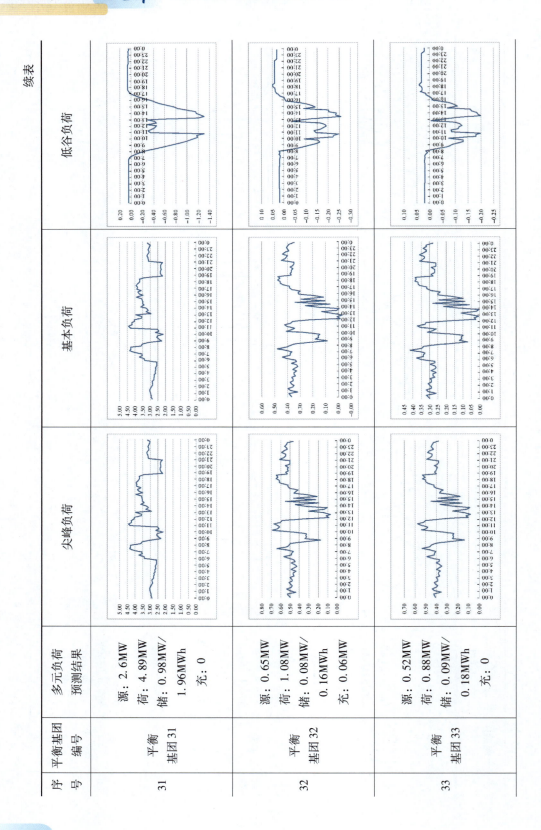

序号	平衡基团编号	多元负荷预测结果	尖峰负荷	基本负荷	低谷负荷
31	平衡基团 31	源：2.6MW 荷：4.89MW 储：0.98MW/1.96MWh 充：0			
32	平衡基团 32	源：0.65MW 荷：1.08MW 储：0.08MW/0.16MWh 充：0.06MW			
33	平衡基团 33	源：0.52MW 荷：0.88MW 储：0.09MW/0.18MWh 充：0			

续表

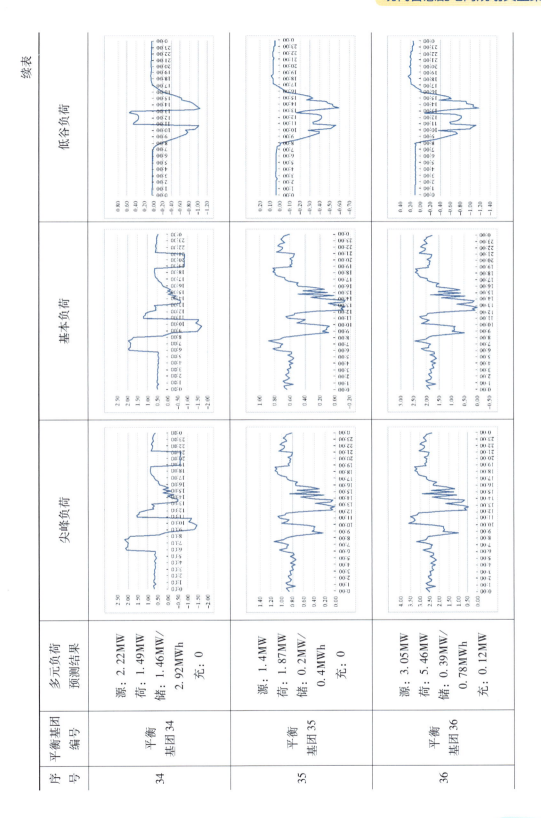

序号	平衡基团编号	多元负荷预测结果	尖峰负荷	基本负荷	低谷负荷
34	平衡基团34	源：2.22MW 荷：1.49MW 储：1.46MW/2.92MWh 充：0			
35	平衡基团35	源：1.4MW 荷：1.87MW 储：0.2MW/0.4MWh 充：0			
36	平衡基团36	源：3.05MW 荷：5.46MW 储：0.39MW/0.78MWh 充：0.12MW			

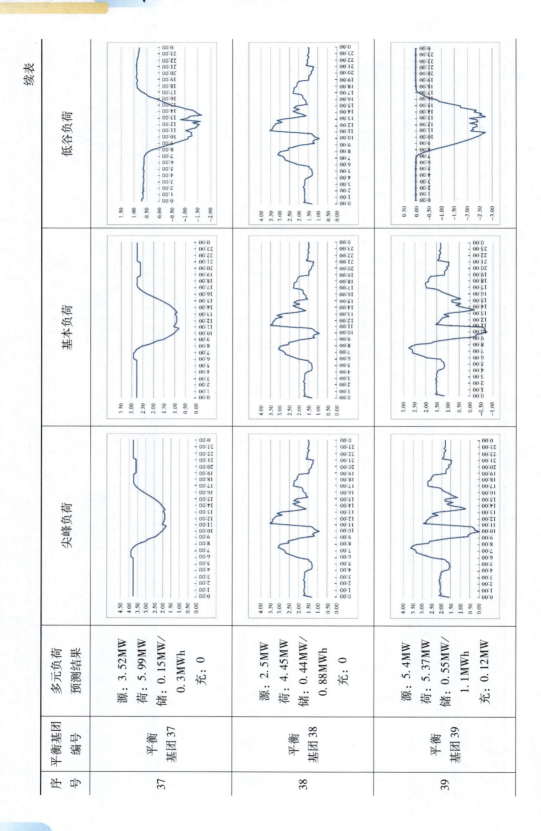

序号	平衡基团编号	多元负荷预测结果	尖峰负荷	基本负荷	低谷负荷
37	平衡基团 37	源：3.52MW 荷：5.99MW 储：0.15MW/0.3MWh 充：0			
38	平衡基团 38	源：2.5MW 荷：4.45MW 储：0.44MW/0.88MWh 充：0			
39	平衡基团 39	源：5.4MW 荷：5.37MW 储：0.55MW/1.1MWh 充：0.12MW			

续表

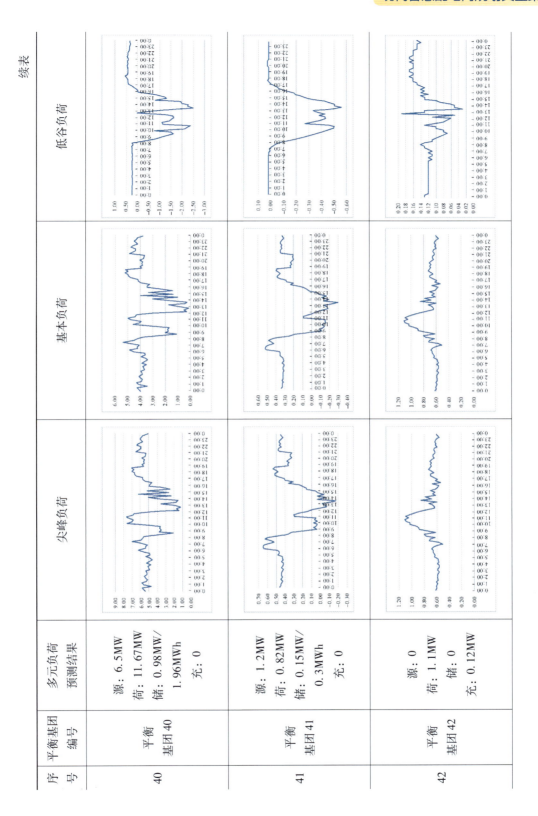

序号	平衡基团编号	多元负荷预测结果	尖峰负荷	基本负荷	低谷负荷
40	平衡基团 40	源：6.5MW 荷：11.67MW 储：0.98MW／1.96MWh 充：0			
41	平衡基团 41	源：1.2MW 荷：0.82MW 储：0.15MW／0.3MWh 充：0			
42	平衡基团 42	源：0 荷：1.1MW 储：0 充：0.12MW			

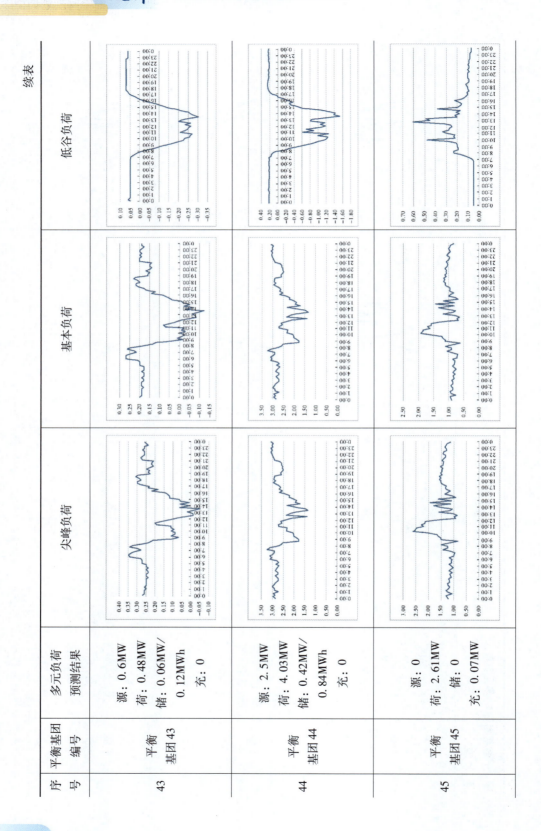

续表

序号	平衡基团编号	多元负荷预测结果	尖峰负荷	基本负荷	低谷负荷
43	平衡基团 43	源：0.6MW 荷：0.48MW 储：0.06MW／0.12MWh 充：0			
44	平衡基团 44	源：2.5MW 荷：4.03MW 储：0.42MW／0.84MWh 充：0			
45	平衡基团 45	源：0 荷：2.61MW 储：0 充：0.07MW			

续表

序号	平衡基团编号	多元负荷预测结果	尖峰负荷	基本负荷	低谷负荷
46	平衡基团 46	源：2.5MW 荷：4.42MW 储：0.43MW/0.86MWh 充：0.12MW			
47	平衡基团 47	源：5MW 荷：7.54MW 储：0.87MW/1.74MWh 充：0.11MW			
48	平衡基团 48	源：2MW 荷：3.73MW 储：0.33MW/0.66MWh 充：0.12MW			

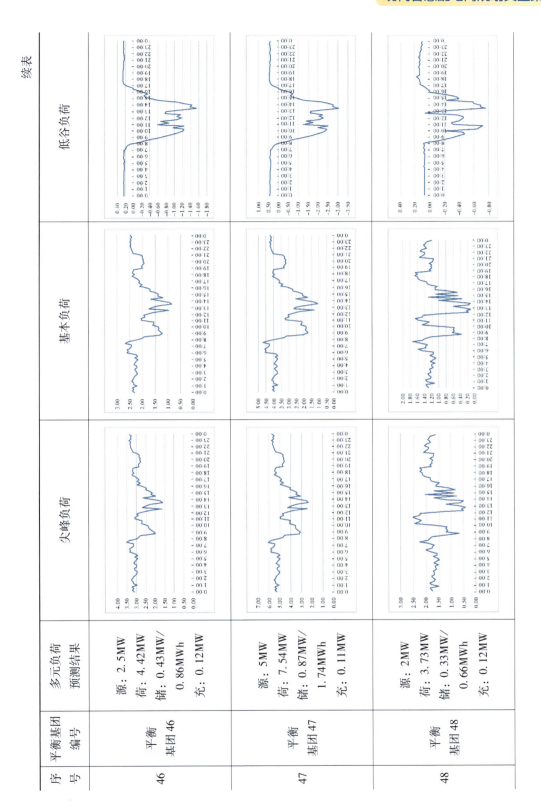

续表

序号	平衡基团编号	多元负荷预测结果	尖峰负荷	基本负荷	低谷负荷
49	平衡基团49	源：3.03MW 荷：4.39MW 储：0.64MW/ 1.28MWh 充：0	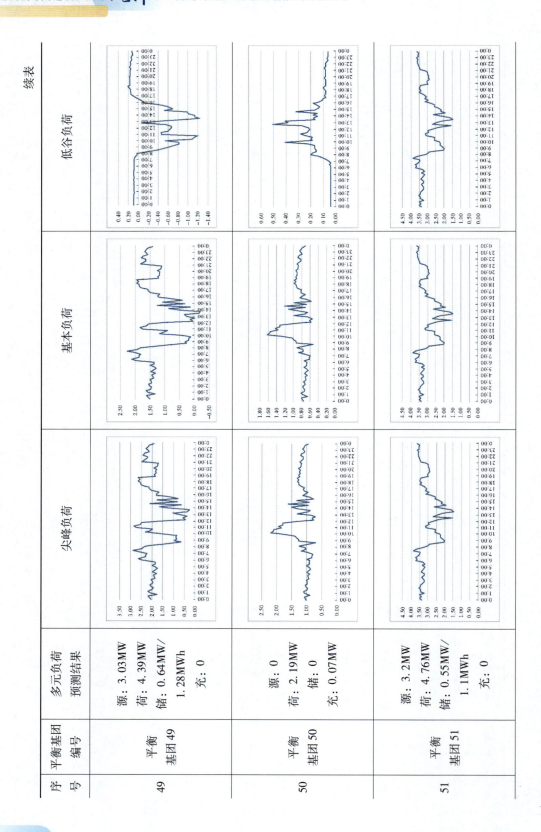		
50	平衡基团50	源：0 荷：2.19MW 储：0 充：0.07MW			
51	平衡基团51	源：3.2MW 荷：4.76MW 储：0.55MW/ 1.1MWh 充：0			

续表

序号	平衡基团编号	多元负荷预测结果	尖峰负荷	基本负荷	低谷负荷
52	平衡基团52	源：0 荷：1.02MW 储：0 充：0			

2. 基团的合理匹配

（1）匹配原则

1）基于不同的典型接线，确定供电单元的网供需求，不同典型接线如表 5 – 28 所示。

表 5 – 28 典型接线统计表

序号	接线方式	适用供电区域	导线型号	主干线数量（条）	供电能力（MW）
1	双工型电缆双环网	A +、A、B	YJV22 – 300	4	21.4
2	电缆单环网	A +、A、B、C	YJV22 – 300	2	10.7
3	开关站接线	A +、A、B	YJV22 – 300	4	21.4
4	架空多分段适度联络	A +、A、B、C	JKLYJ – 240	4	19.7
5	架空多分段单联络	A +、A、B、C、D	JKLYJ – 240	2	9.8
6	架空多分段单辐射	D、E	JKLYJ – 240	1	6.9

2）基团与基团不跨网格，单元与单元之间供区不交叉，见图 5 – 29。

3）基于电能质量的要求，按照不同供电区域类型，控制供电半径。

（2）典型接线选取

本次规划区属于 B 类供电区域，选取双工型电缆双环网作为本次目标网架规划的典型接线，见图 5 – 30。

图 5 – 29 基团匹配供区原则（一）

图 5 – 29　基团匹配供区原则（二）

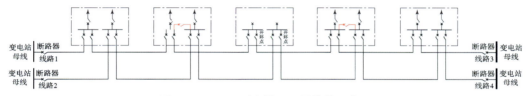

图 5 – 30　双工型电缆双环网接线示意图

（3）供电单元构建

选取双工型电缆双环网为典型接线，将多个平衡基团进行匹配，形成供电单元，各供电单元情况如下。

a. 供电单元 1

■ 根据匹配原则，将基团 1、基团 2、基团 3、基团 4、基团 15、基团 16、基团 17 进行匹配，形成供电单元 1（见图 5 – 31）。

■ 供电单元 1 源、荷、储、充情况如下：

• 源的规模：12.38MW；

• 荷的规模：22.12MW；

• 充的规模：0.38MW；

• 储的规模：2.58MW/5.16MWh；

• 网供负荷：15.26MW。

■ 得出供电单元 1 不同时段的负荷情况（见图 5 – 32）：

• 尖峰负荷、基本负荷下，供电单元 1 较好地消纳光伏；

• 低谷负荷，供电单元 1 出线光伏倒送。

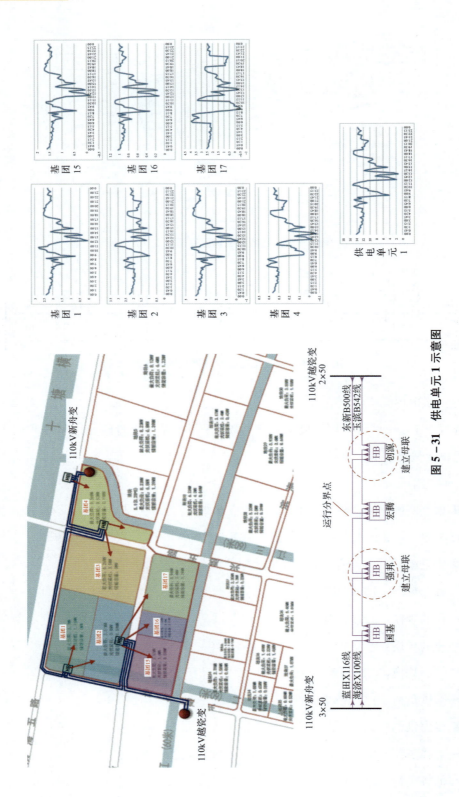

图 5 - 31　供电单元 1 示意图

尖峰负荷	基本负荷	低谷负荷

图 5 - 32　供电单元 1 不同时段的负荷运行状态

■ 供电单元 1 规划成效（见图 5 - 33）：

● 供电单元 1 供电范围扩大；

● 供电容量提升约 8000kVA。

图 5 - 33　供电单元 1 规划成效

b. 供电单元 2

■ 根据匹配原则，将基团 5、基团 6、基团 7、基团 18、基团 19、进行匹配，形成供电单元 2（见图 5 - 34）。

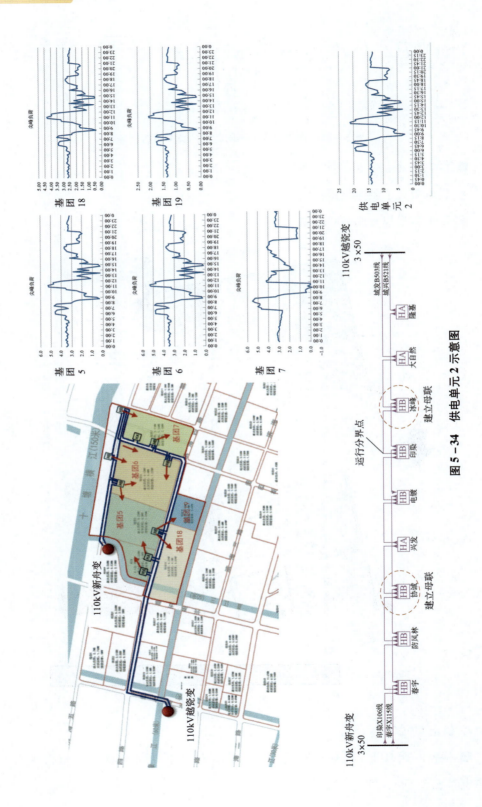

图 5-34　供电单元 2 示意图

■ 供电单元2源、荷、储、充情况如下：

- 源的规模：25.37MW；

- 荷的规模：28.42MW；

- 充的规模：0.48MW；

- 储的规模：6.03MW/12.06MWh；

- 网供负荷：20.96MW。

■ 得出供电单元2不同时段的负荷情况（见图5-35）：

- 尖峰负荷、基本负荷下，供电单元2较好地消纳光伏；

- 低谷负荷，供电单元2出线光伏倒送。

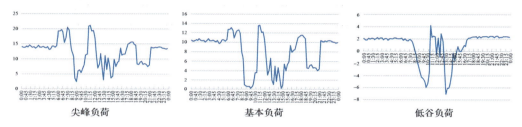

尖峰负荷　　　　　　基本负荷　　　　　　低谷负荷

图5-35　供电单元2不同时段的负荷运行状态

■ 供电单元2规划成效（见图5-36）：

- 供电单元2供电范围扩大；

- 供电容量提升约17000kVA。

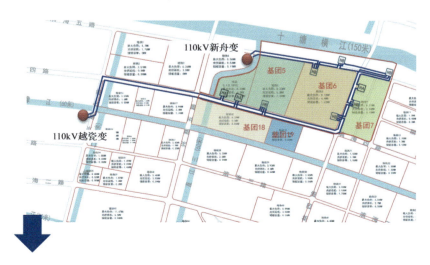

图5-36　供电单元2规划成效（一）

图 5 - 36　供电单元 2 规划成效（二）

c. 供电单元 3

■ 根据匹配原则，将基团 8、基团 9、基团 10、基团 11、基团 12、基团 13、基团 14、基团 20、基团 21、基团 22、基团 29、基团 30、基团 31 进行匹配，形成供电单元 3（见图 5 - 37）。

■ 供电单元 3 源、荷、储、充情况如下：

- 源的规模：20.04MW；

- 荷的规模：26.02MW；

- 充的规模：0.3MW；

- 储的规模：5.26MW/10.52MWh；

- 网供负荷：18.99MW。

■ 得出供电单元 3 不同时段的负荷情况（见图 5 - 38）：

- 尖峰负荷、基本负荷下，供电单元 3 较好的消纳光伏；

- 低谷负荷，供电单元 3 出线光伏倒送。

■ 供电单元 3 规划成效（见图 5 - 39）：

- 供电单元 3 供电范围扩大；

- 供电容量提升约 9000kVA。

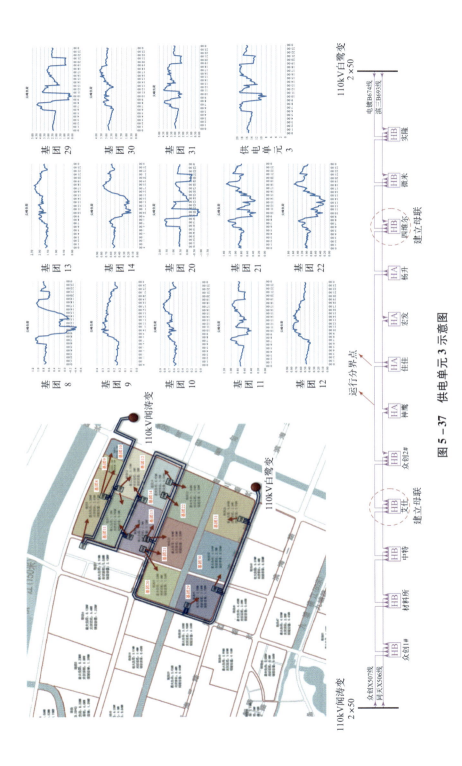

图 5-37 供电单元 3 示意图

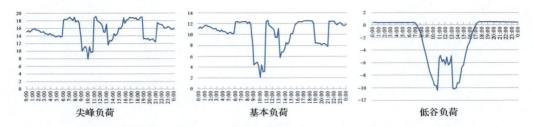

尖峰负荷　　　　　　　　　基本负荷　　　　　　　　　低谷负荷

图 5 - 38　供电单元 3 不同时段的负荷运行状态

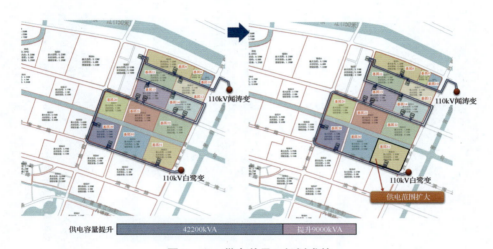

图 5 - 39　供电单元 3 规划成效

d. 供电单元 4

■ 根据匹配原则，将基团 23、基团 24、基团 25、基团 26、基团 27、基团 28、基团 41、基团 45、基团 50 进行匹配，形成供电单元 4（见图 5 - 40）。

■ 供电单元 4 源、荷、储、充情况如下：

- 源的规模：13.41MW；
- 荷的规模：27.22MW；
- 充的规模：0.31MW；
- 储的规模：1.89MW/3.78MWh；
- 网供负荷：20.01MW。

■ 得出供电单元 4 不同时段的负荷情况（见图 5 - 41）：

- 尖峰负荷、基本负荷下，供电单元 4 较好的消纳光伏；
- 低谷负荷，供电单元 4 出线光伏倒送。

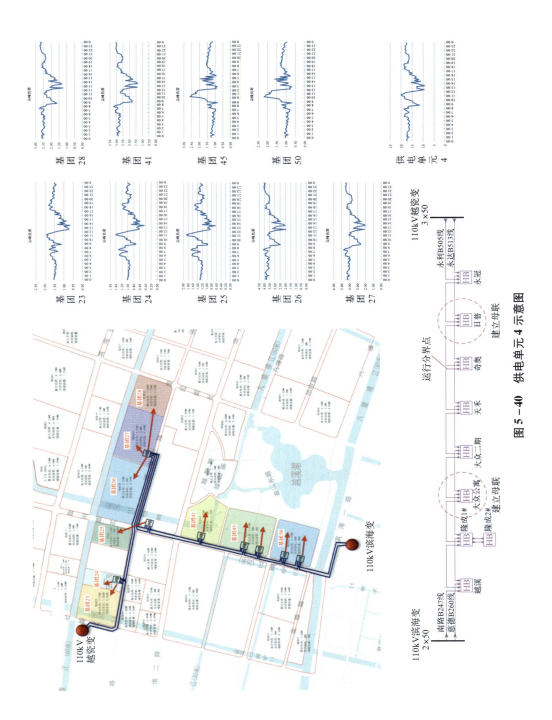

图 5-40　供电单元 4 示意图

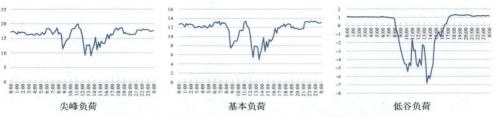

| 尖峰负荷 | 基本负荷 | 低谷负荷 |

图 5－41　供电单元 4 不同时段的负荷运行状态

■ 供电单元 4 规划成效（见图 5－42）：

- 供电单元 4 供电范围扩大；
- 供电容量提升约 10800kVA。

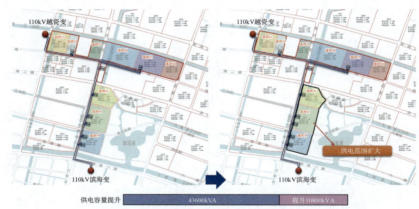

图 5－42　供电单元 4 规划成效

e. 供电单元 5

■ 根据匹配原则，将基团 32、基团 33、基团 34、基团 35、基团 36、基团 40、基团 48、基团 49、基团 52 进行匹配，形成供电单元 5（见图 5－43）。

■ 供电单元 5 源、荷、储、充情况如下：

- 源的规模：19.37MW；
- 荷的规模：30.17MW；
- 充的规模：0.3MW；
- 储的规模：4.17MW／8.34MWh；
- 网供负荷：20.32MW。

■ 得出供电单元 5 不同时段的负荷情况（见图 5－44）：

- 尖峰负荷、基本负荷下，供电单元 2 较好地消纳光伏；
- 低谷负荷，供电单元 5 出线光伏倒送。

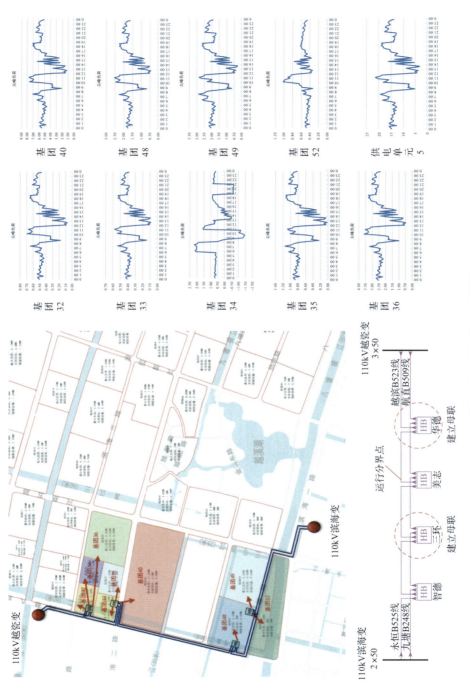

图 5 - 43　供电单元 5 示意图

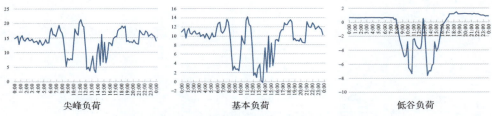

图 5 – 44　供电单元 5 不同时段的负荷运行状态

■ 供电单元 5 规划成效（见图 5 – 45）：

- 供电单元 5 供电范围扩大；

- 供电容量提升约 17500kVA。

图 5 – 45　供电单元 5 规划成效

f. 供电单元 6

■ 根据匹配原则，将基团 37、基团 38、基团 39、基团 42、基团 43、基团 44 进行匹配，形成供电单元 6（见图 5 – 46）。

■ 供电单元 6 源、荷、储、充情况如下：

- 源的规模：14.52MW；

- 荷的规模：18.25MW；

- 充的规模：0.24MW；

- 储的规模：1.62MW/3.24MWh；

- 网供负荷：11.91MW。

■ 得出供电单元 6 不同时段的负荷情况（见图 5 – 47）：

- 尖峰负荷、基本负荷下，供电单元 6 较好的消纳光伏；

- 低谷负荷，供电单元 6 出线光伏倒送。

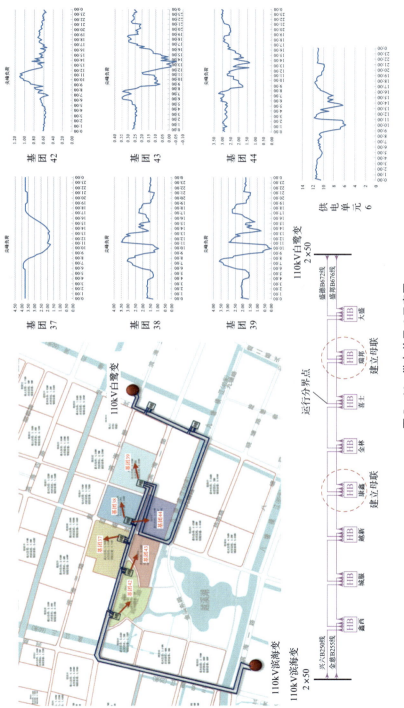

图 5 - 46　供电单元 6 示意图

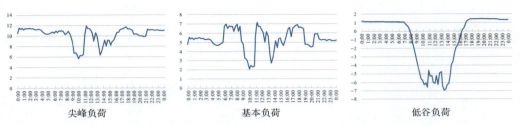

图 5 – 47   供电单元 6 不同时段的负荷运行状态

■ 供电单元 6 规划成效（见图 5 – 48）：

● 供电单元 6 供电范围扩大；

● 供电容量提升约 9400kVA。

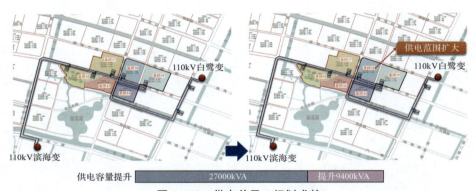

图 5 – 48   供电单元 6 规划成效

g. 供电单元 7

■ 根据匹配原则，将基团 51、基团 52、基团 56 进行匹配，形成供电单元 7（见图 5 – 49）。

■ 供电单元 7 源、荷、储、充情况如下：

● 源的规模：10.7MW；

● 荷的规模：16.72MW；

● 充的规模：0.3MW；

● 储的规模：1.85MW/3.7MWh；

● 网供负荷：12.98MW。

■ 得出供电单元 7 不同时段的负荷情况如下（见图 5 – 50）：

● 尖峰负荷、基本负荷下，供电单元 2 较好地消纳光伏；

● 低谷负荷，供电单元 7 出线光伏倒送。

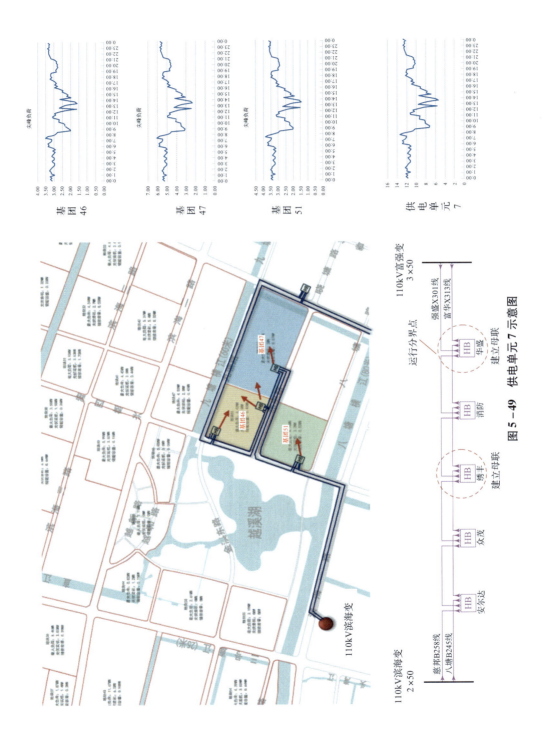

图 5 - 49　供电单元 7 示意图

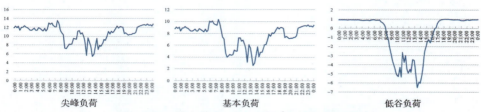

尖峰负荷　　　　　　　　基本负荷　　　　　　　　低谷负荷

图 5 – 50　供电单元 7 不同时段的负荷运行状态

■ 供电单元 7 规划成效（见图 5 – 51）：

● 供电单元 7 供电范围扩大；

● 供电容量提升约 9500kVA。

图 5 – 51　供电单元 7 规划成效

h. 目标网架初步构建

最终形成 7 个供电单元，形成基本的目标网架，如图 5 – 52、图 5 – 53 所示。

各供电单元统计表如表 5 – 29 所示。

图 5 – 52　初步目标网架示意图

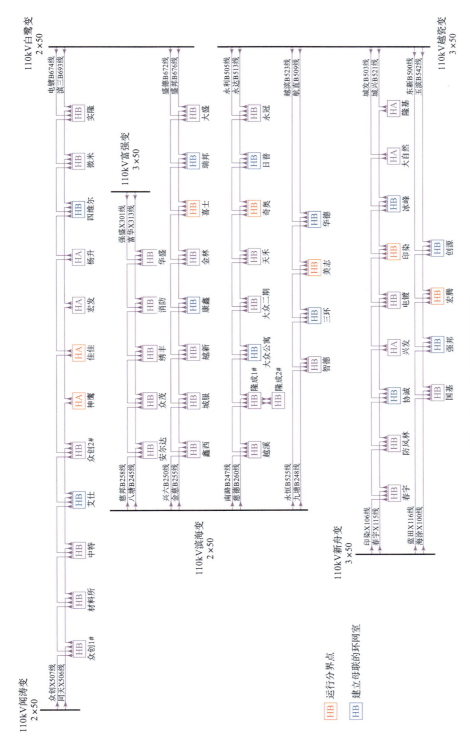

图 5 - 53　初步目标网架网拓扑图

表 5 – 29　各供电单元统计表

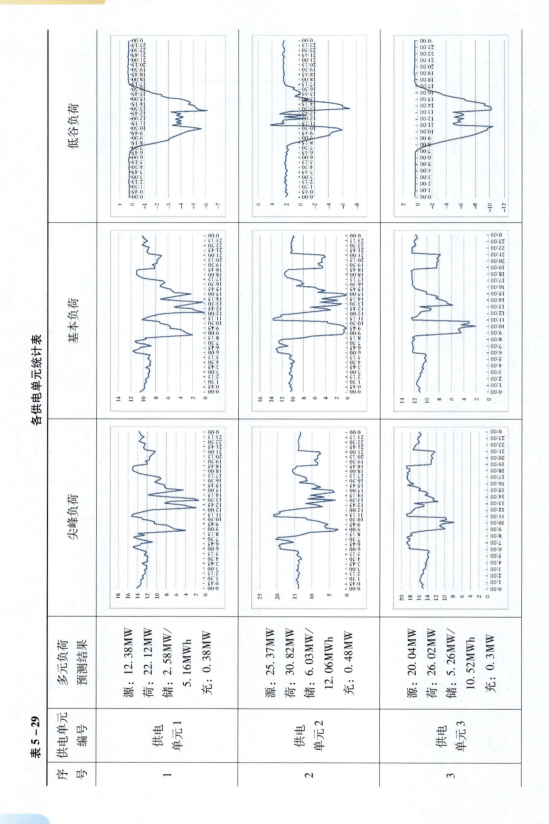

序号	供电单元编号	多元负荷预测结果	尖峰负荷	基本负荷	低谷负荷
1	供电单元 1	源：12.38MW 荷：22.12MW 储：2.58MW/5.16MWh 充：0.38MW			
2	供电单元 2	源：25.37MW 荷：30.82MW 储：6.03MW/12.06MWh 充：0.48MW			
3	供电单元 3	源：20.04MW 荷：26.02MW 储：5.26MW/10.52MWh 充：0.3MW			

续表

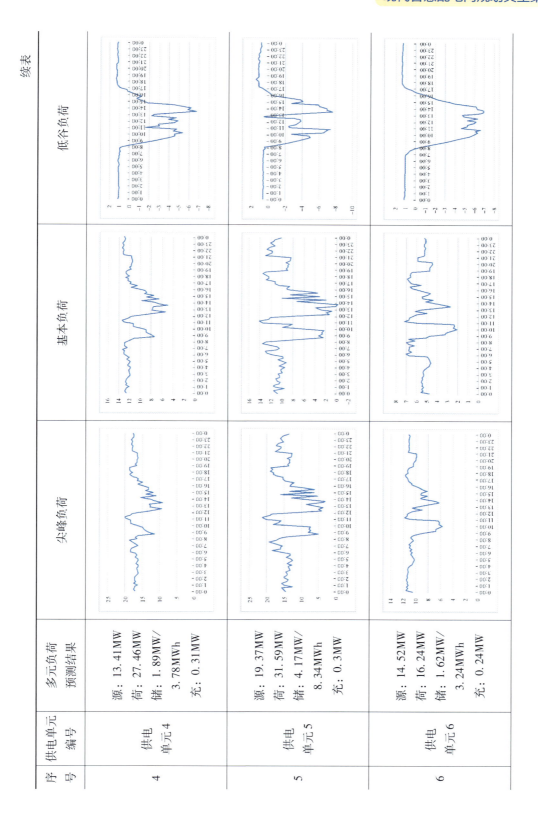

序号	供电单元编号	多元负荷预测结果	尖峰负荷	基本负荷	低谷负荷
4	供电单元4	源：13.41MW 荷：27.46MW 储：1.89MW/3.78MWh 充：0.31MW			
5	供电单元5	源：19.37MW 荷：31.59MW 储：4.17MW/8.34MWh 充：0.3MW			
6	供电单元6	源：14.52MW 荷：16.24MW 储：1.62MW/3.24MWh 充：0.24MW			

续表

序号	供电单元编号	多元负荷预测结果	尖峰负荷	基本负荷	低谷负荷
7	供电单元7	源：10.7MW 荷：16.17MW 储：1.85MW/3.7MWh 充：0.3MW			

3. 单元的有序聚合

（1）规划场景构建

以电力平衡结果为参考，结合区域特征，基于单个或多个网格，构建规划场景，一般可选择能源送出型、能源消费型和能源平衡型场景（见图5－54）。

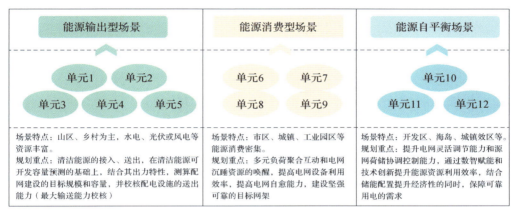

图5－54　规划场景示意图

根据7个供电单元的规划结果，尖峰负荷、基本负荷下，7个供电单元均为能源消费型场景，低谷负荷下，7个供电单元均为能源输出型场景（见表5－30）。

表5－30　　　　　　　　　　供电单元规划场景统计表

供电单元	尖峰负荷	基本负荷	低谷负荷
供电单元1	能源消费型场景	能源消费型场景	能源输出型场景
供电单元2	能源消费型场景	能源消费型场景	能源输出型场景
供电单元3	能源消费型场景	能源消费型场景	能源输出型场景
供电单元4	能源消费型场景	能源消费型场景	能源输出型场景
供电单元5	能源消费型场景	能源消费型场景	能源输出型场景
供电单元6	能源消费型场景	能源消费型场景	能源输出型场景
供电单元7	能源消费型场景	能源消费型场景	能源输出型场景

（2）单元有序聚合

1）聚合条件判断

供电单元1、2、5峰谷差比较大，负荷波动较大；供电单元3、4、6、7负荷曲线较为平衡（见图5－55）。

图 5 – 55 规划场景示意图

如图 5 – 56 所示，基于供电的单元的运行特征，空间位置，建议将供电单元 1 与供电单元 4、供电单元 2 与供电单元 3、供电单元 5 与供电单元 6、供电单元 3 与供电单元 7 进行互联。

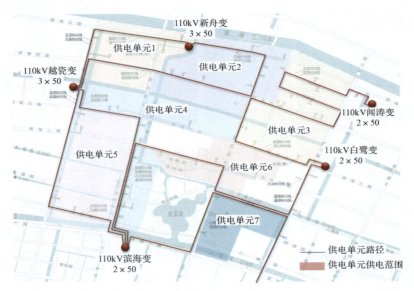

图 5 – 56 供电单元区位图

2）单元聚合手段

在双工型电缆双环网接线的基础上，加装 sop 柔性开关，实现单元与单元之间的能量互济（见图 5 – 57）。

3）单元有序聚合

a 供电单元 1 与供电单元 4

供电单元 1 在光伏大发期间，负荷处于低谷，线路运行效率低，通过将供电单

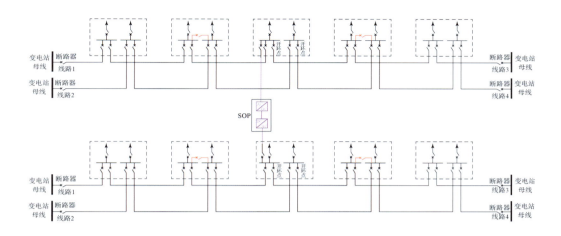

图 5 – 57　基于环网间柔性互联的电缆双环网

元 1 与供电单元 4 建立柔性互联，可将 2 个供电单元运行效率趋于同一水平，整体提升电网运行效率（见图 5 – 58、图 5 – 59）。

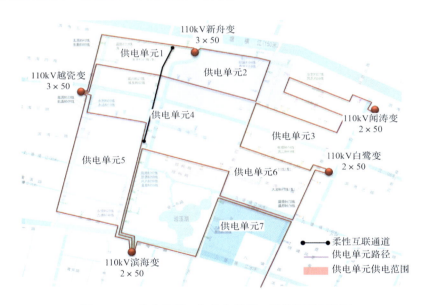

图 5 – 58　供电单元 1 与供电单元 4 柔性互联示意图

b. 供电单元 2 与供电单元 3

供电单元 2 在光伏大发期间，负荷处于低谷，线路运行效率低，通过将供电单元 2 与供电单元 3 建立柔性互联，可将 2 个供电单元运行效率趋于同一水平，整体提升电网运行效率（见图 5 – 60、图 5 – 61）。

图 5-59　供电单元 1 与供电单元 4 柔性互联前后运行状态

（a）正常运行状态；（b）能量调剂后运行状态

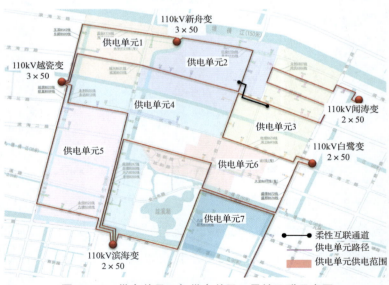

图 5-60　供电单元 2 与供电单元 3 柔性互联示意图

图 5 – 61　供电单元 2 与供电单元 3 柔性互联前后运行状态

（a）正常运行状态；（b）能量调剂后运行状态

c. 供电单元 5 与供电单元 6

通过将供电单元 5 与供电单元 6 建立柔性互联，可将 2 个供电单元运行效率趋于同一水平，整体提升电网运行效率（见图 5 – 62、图 5 – 63）。

d. 供电单元 3 与供电单元 7

通过将供电单元 3 与供电单元 7 建立柔性互联，可将 2 个供电单元运行效率趋于同一水平，整体提升电网运行效率（见图 5 – 64、图 5 – 65）。

4. 构建目标网架

规划区目标网架（见图 5 – 66、图 5 – 67）如下：

● 供电电源：110kV 新舟变、110kV 越瓷变、110kV 滨海变、110kV 白鹭变、110kV 闻涛变；

● 源的规模：130.21MW；

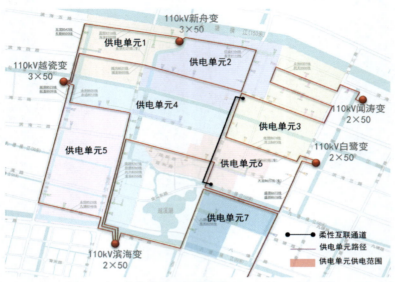

图 5 – 62　供电单元 5 与供电单元 6 柔性互联示意图

图 5 – 63　供电单元 5 与供电单元 5 柔性互联前后运行状态

（a）正常运行状态；（b）能量调剂后运行状态

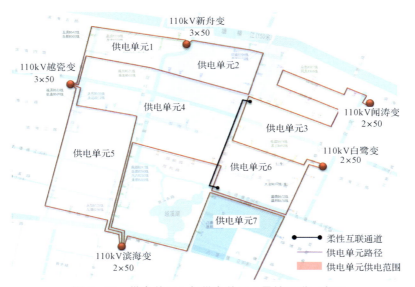

图 5 – 64　供电单元 1 与供电单元 4 柔性互联示意图

图 5 – 65　供电单元 3 与供电单元 7 柔性互联前后运行状态

（a）正常运行状态；（b）能量调剂后运行状态

- 荷的规模：264.84MW；

- 充的规模：2.31MW；

- 储的规模：23.4MW/46.8MWh；

- 全社会最大负荷：265.76MW；

- 10kV 线路公用负荷：120.43MW；

- 供电线路：24 条；

- 平均负载率：46.91%。

图 5 - 66　目标网架示意图

七、不同状态分析

（一）　正常运行状态

1. 总体目标

各层级自平衡、减少反送上级电网（见图 5 - 68）。

2. 单元自平衡

根据潮流流向实时调整运行分界点，实现供电单元自平衡（见图 5 - 69）。

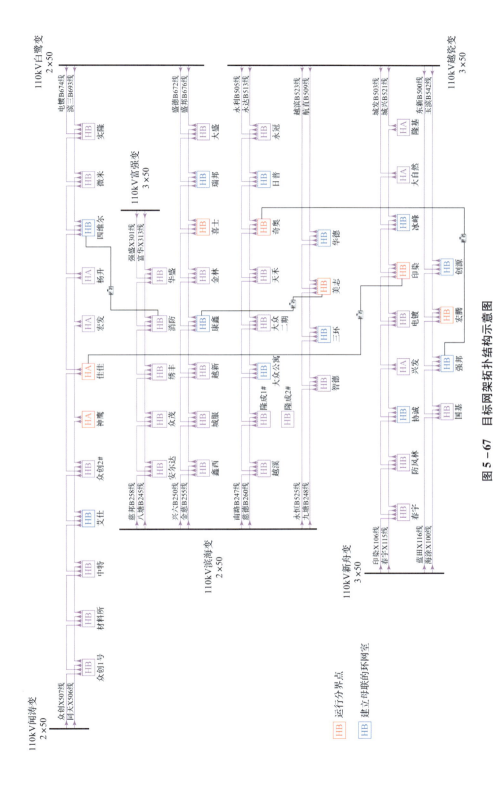

图 5-67　目标网架拓扑结构示意图

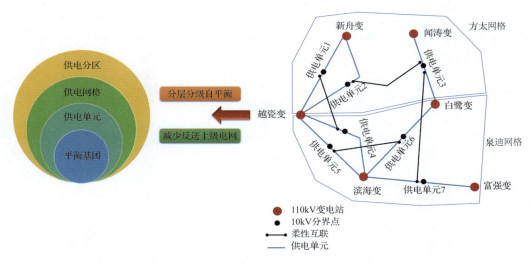

图 5-68　正常运行态目标示意图

3. 网格自平衡

当供电单元 1 无法自平衡，可通过 sop 开关将 2 个供电单元实现平衡（见图 5-70）。

（二）　一般故障运行状态

1. 主线故障（新舟 2 线故障）（见图 5-71）

1）由越瓷 2 线转供；

2）由越瓷 2 线及越瓷 6 线共同转供，或越瓷 2 线及白鹭 4 线共同转供。

2. 支线故障（见图 5-72）

1）光伏大发时刻保障用户部分用电需求；

2）用户侧储能满足 2 用户 2h 用电需求；

3）通过储能与光伏时间上的配合，尽可能地满足用户部分用电需求。

（三）　极端故障运行状态

用户自身源、储能供电保障见图 5-73、图 5-74。

1）光伏大发时刻保障用户部分用电需求；

2）用户侧储能满足 2 用户 2h 用电需求；

3）通过储能与光伏时间上的配合，尽可能地满足用户部分用电需求。

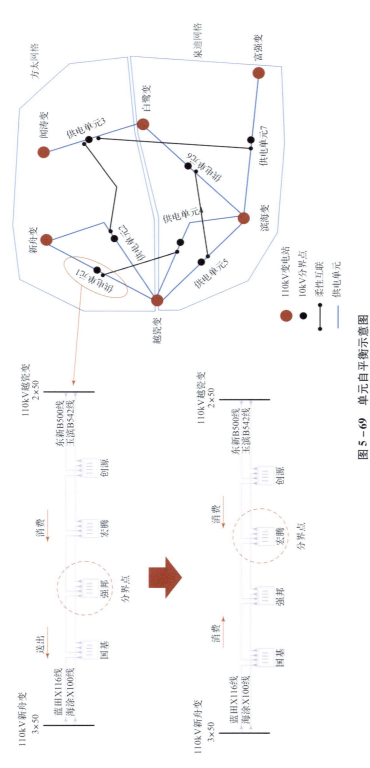

图 5 - 69　单元自平衡示意图

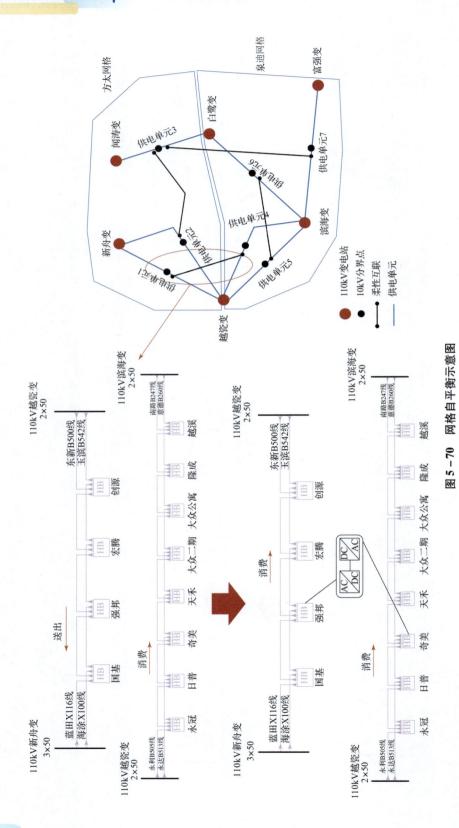

图5-70 网格自平衡示意图

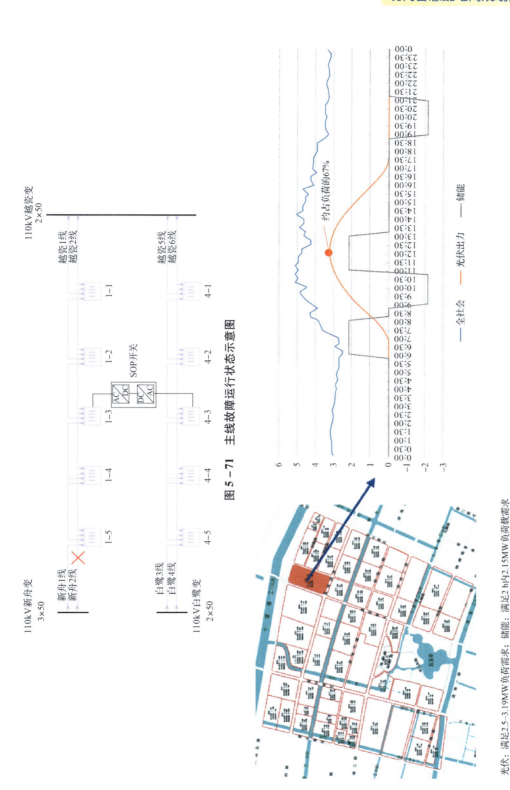

图 5-71 主线故障运行状态示意图

图 5-72 支线故障基团自身满足能力示意图

光伏：满足2.5~3.19MW负荷需求；储能：满足2 h/2.15MW负荷故需求

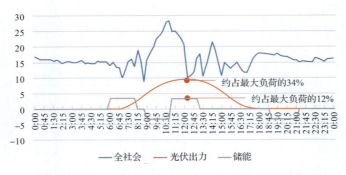

图 5 – 73 供电单元 1 用户自身、储能供电保障示意图

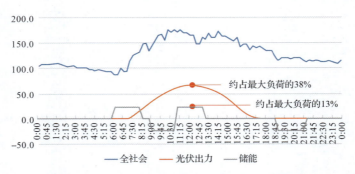

图 5 – 74 规划区用户自身、储能供电保障示意图

供电单元 1，短时最大满足 13MW 负荷，约占线路负荷 58%。

规划区，短时最大满足 90MW 负荷，约占最大负荷的 51%。

（四）极端状态

1. 极端天气，光伏出力较小

1）光伏出力较小，线路平均负载率为 61.62%，未出现重载问题；

2）光伏不出力，用户侧储能设施调节，线路平均负载率为 58.76%，未出现重载问题。具体情况见表 5 – 31。

表 5 – 31　　　　　　　　　　　极端天气，光伏出力较小线路负载水平

供电单元名称	网供负荷（MW）		平均负载率（%）	
	光伏不出力（储能调节）	光伏出力较小	光伏不出力（储能调节）	光伏出力较小
供电单元 1	19.54	20.51	45.68	47.94
供电单元 2	24.79	27.53	57.95	64.35

续表

供电单元名称	网供负荷（MW）		平均负载率（%）	
	光伏不出力（储能调节）	光伏出力较小	光伏不出力（储能调节）	光伏出力较小
供电单元3	20.76	23.41	48.53	54.72
供电单元4	25.57	25.72	59.77	60.12
供电单元5	27.42	29.07	64.09	67.95
供电单元6	14.62	14.36	68.35	67.13
供电单元7	14.32	14.78	66.95	69.10

2. 负荷低谷期，光伏倒送，储能消纳

1）负荷低谷期间，规划区10kV网供 −36MW，光伏出现倒送；

2）用户侧储能在光发大发时刻，利用光伏充电，减少光伏倒送情况。具体情况见图5 −75。

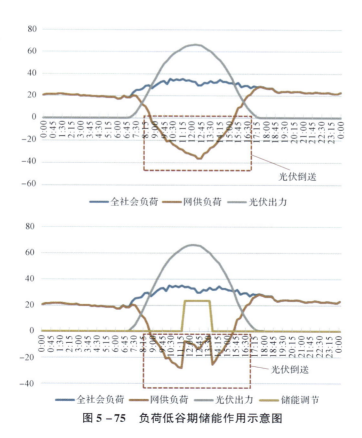

图5 −75　负荷低谷期储能作用示意图

（五）配置系统侧储能

配置系统侧储能满足任意时刻全消纳。

为解决负荷低谷期，光伏出线反送的情况，以供电单元层级为单位，配置系统侧储能，满足光伏任意时刻全消纳。按照负荷低谷期光伏反送情况，约配置系统侧储能47MW/94MWh。具体情况见图5-76。

图5-76 各单元系统侧储能配置示意图

八、不同接线方式目标网架

（一）开关站接线

1. 接线方式示意图

开关站接线示意图如图5-77所示。

2. 目标网架

规划区目标网架（见图5-78）如下：

- 供电电源：110kV新舟变、110kV越瓷变、110kV滨海变、110kV白鹭变、110kV闻涛变；

- 源的规模：130.21MW；

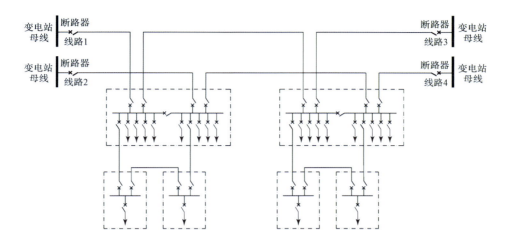

图 5-77   开关站接线示意图

- 荷的规模：264.84MW；

- 充的规模：2.31MW；

- 储的规模：23.4MW/46.8MWh；

- 全社会最大负荷：265.76MW；

- 10kV 线路公用负荷：120.43MW；

- 供电线路：24 条；

- 平均负载率：46.91%。

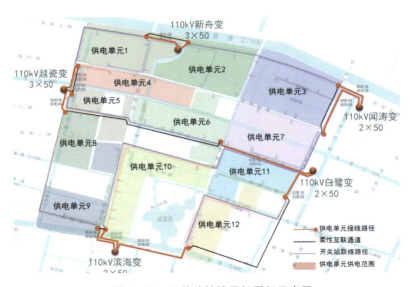

图 5-78   开关站接线目标网架示意图

（二）目标网架推荐

1）双工型接线电缆双环网：可基于现状电网基础逐步制定建设改造方案过渡至目标网架，改造难度低。

2）开关站接线：新能源消纳灵活度更强，但需新建开关站等设备，较难通过现状电网逐步改造至目标网架。

通过对新能源消纳灵活性、运行效率、改造难度对比，推荐以双工型电缆双环网为典型接线的目标网架。目标网架对比示意图见图 5 - 79。

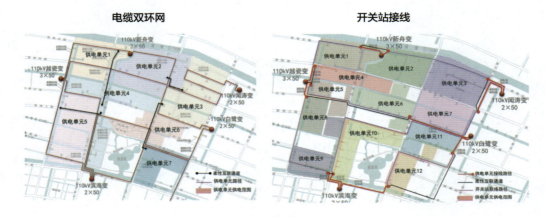

图 5 - 79 目标网架对比示意图

九、配电自动化

（一）建设目标

根据国家电网有限公司和国网浙江省电力有限公司的统一部署，某公司按照配电自动化建设与配电网建设改造同步规划、同步设计、同步建设、同步投运，遵循"标准化设计，差异化实施"原则，充分利用现有设备资源，因地制宜地做好通信、信息等配电自动化配套建设，结合具体情况，分期、分步实施，逐步完善配电自动化系统，强化配电网的可观可控，增强配电网故障快速响应能力，有效支撑配电网故障主动抢修、设备状态管控、建设改造精准投资，全面提升配电网精益化管理水平。

1. 配电线路自动化改造目标

配电自动化项目采用"主站＋配电终端"的两层构架，以扩大一次网架和设备的监控范围为目标，结合建设区域负荷对供电可靠性的需求、配电网架结构、开关设备与通信条件等合理配置配电终端类型，通过对配电网线路中分段、联络和主要的分支开关（环网箱）进行三遥和二遥差异化配置建设，最终实现规划区配电自动化全面覆盖；对于电缆线路的环网站点采用光纤 EPON 组网通信，实现三遥功能。

2. 主站建设目标

前湾新区不建设自动化主站，现有智能终端通过光纤或无线网接入宁波公司主站，通过访问宁波公司主站方式进行新区自动化管理。

3. 配电通信系统建设目标

电缆线路三遥站点采用 EPON 组网方式，二遥站点采用无线专网和 EPON 相结合组网的方式，实现规划区内配电 10kV 线路通信覆盖率 100%。

（二） 配电线路自动化及配电终端建设方案

1. 技术方案

（1）馈线自动化（FA）应用方案

考虑规划区不同负荷性质及不同供电可靠性的要求，配电自动化系统馈线自动化（FA）方案采用集中型方案。集中控制式的故障处理方案是基于主站、通信系统、终端设备均已建成并运行完好的情况下的一种方案，它是由主站通过通信系统来收集所有终端设备的信息，并通过网络拓扑分析，确定故障位置，最后下发命令遥控各开关，实现故障区域的隔离和恢复非故障区域的供电。

（2）建设原则

前湾新区电缆线路馈线自动化采用集中型，在配电自动化改造前期，由于自动化终端覆盖不足等因素采用半自动化方式：当馈线发生故障时，由配电自动化主站通过快速收集区域内配电终端的信息，判断配电网运行状态，结合网络拓扑结构进行故障识别、定位，由调度员通过遥控隔离故障、恢复非故障区域供电。在半自动化方式安全稳定运行一段时间后，选择部分不含重要用户的线路实现全自动馈线自动化方式，由主站系统自动完成故障识别、隔离及非故障区域的恢复供电。待全自动馈线自动化方式运行安全稳定后，逐步推广到其他线路。

（3）馈线自动化配置方案

采用 A/B-DL-1 模式方案，适用于电缆线路，故障处理采用集中式（如图 5-80 所示）。

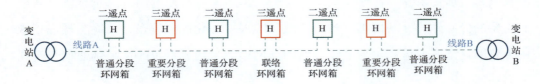

图 5-80　A/B-DL-1 模式方案示意图

该模式中，开闭所、联络环网箱和重要的分段环网箱设置为"三遥"，不符合要求的应进行改造。一般分段环网站点可设置为"二遥"点，光缆沿线站点有条件的也应设置为"三遥"点。

2. 改造原则

根据《配电自动化规划设计技术导则》，规划区配电自动化终端建设应遵循如下原则：

1）配电设备改造与终端建设以全面提升配电网监控水平为目标，从主要到次要，从部分到全局，进行差异化、渐进式的建设。

2）配电设备的自动化建设应与配电网架及通信系统建设相结合，充分考虑配电网规模扩展的需要，具有高可靠性、高环境适应性，选用模块化设计产品，便于功能扩展和现场升级。

3）对不满足馈线自动化方式的站点，应进行终端改造或加装，改造和加装统一按"三遥"终端进行配置。

3. 技术要求

本期配电自动化建设配电终端应满足以下功能技术要求：

1）配电终端应采用模块化、可扩展、低功耗、免维护的设计标准，具有高可靠性和适应性；

2）配电终端应具备运行数据采集、处理、存储、信等功能；

3）配电终端应具备异常自诊断和告警、远端对时、远程管理等功能；

4）配电终端应具备状态量采集防抖功能，并支持上传时带时标的遥信变位信息；

5）配电终端应具备历史数据循环存储能力，电源失电后保存数据不丢失，支持远程调阅；

6）配电终端应具备在线式的后备电源并具备为通信设备提供电源的能力；

7）配电终端宜具备基于 DL/T 860 标准（IEC 61850）的自描述功能，满足即插即用等要求；

8）配电终端与主站之间的通信规约宜采用符合 DL/T 634.5101《远动设备及系统 第 5-101 部分：传输规约基本远动任务配套标准》和 DL/T 634.5104《远动设备及系统 第 5-104 部分：传输规约 采用标准传输协议集的 IEC60870-5-101 网络访问》规定的 101、104 通信规约，或符合 DL/T 860《电力自动化通信网络和系统》（IEC 61850）的协议；

9）配电终端应满足电力二次系统安全防护有关规定，遵照《电力监控系统安全防护总体方案》（国能安全〔2015〕36 号文）的要求，二次安全防护部分建议增加入侵防御装置，增配单独日志和审计系统。三遥配电终端内置加密芯片，采用双向认证加密，实现主站和终端间的双向身份鉴别；

10）配电终端选型设计必须严格按照国网公司最新技术规范实施，包括外观样式、设备信息编码、接口、航空插口或端子排定义等；

11）配电终端具备双向计量功能，满足线损关口计量的要求。

（三）通信系统建设与应用方案

1. 配电通信网建设原则

1）配电通信网以安全可靠、经济高效为基本原则，充分利用现有成熟通信资源，差异化采用光纤、5G、北斗、量子加密通信等通信方式。

2）配电通信网是实现配电自动化系统的基础设施，网络设计应具有一定的前瞻性，应根据一次电网、配电自动化系统和用户用电信息采集系统应用的总体规划和中长期目标，综合多种应用需求，统一规划设计，分步实施。

3）配电通信网接入网络的建设应根据城市建设具体情况和配用电应用系统对不同区域的功能要求，充分考虑配电网改造工程多、网架频繁变动的特点，因地制宜，选择合适的主导通信方式，采用多种通信方式相结合的原则组建。

4）IP 资源规划：应从全网规划角度出发进行合理的 IP 地址规划，充分考虑设备 IP 地址未来的数量需求及路由范围。

5）配电通信接入网作为骨干层通信网的延伸，承载业务分属生产控制大区和管理信息大区，在网络建设时应考虑安全问题，严格遵循"安全分区、网络专用、横向隔离、纵向认证"的原则。

6）变电站通信设备安装空间要求：对于需要建设配电通信接入网的 35kV 及以上电压等级变电站，二次设备室需要至少预留两面专用通信设备柜，供配电通信网汇集上传设备安装使用。

2. 配电通信技术选择原则

（1）光纤通信网络

光缆网络是建设高质量、高可靠光通信网的前提，光缆建设应与配电网电缆网络建设与改造同步进行，应积极推动配电网电缆管道工程设计规范的修订工作，将光缆管道建设纳入一次电缆管道的建设标准。光缆的芯数应结合网络的最终规模和整体发展规划适当超前，光缆芯数不应少于 24 芯，施工工程量较大的线路，可考虑适当提高芯数。

变电站至配电系统中心站的网络应基于光纤网络，应充分利用光缆资源和光传输网络业务电路保护特性，建成有较高生存性的传输网络。网络建设应结合光缆网络建设、传输网络升级优化、IP 网络设计统筹考虑。随着电力一次网络的变更和建设，以及底层网络的变化，网络应不断同步优化。

（2）EPON 组网方案

配电通信网作为杭湾电力通信网主网的接入层，为变电站至配电站点 EPON 光纤技术的接入方案。ONU 考虑采用工业级、双 PON 口设备，实现热备用设备实现全保护自愈功能，同时能满足高温、潮湿等较恶劣的现场运行环境。ONU 设备配置在环网箱和柱上开关等配电站点，实现相关设备信息上传至变电站。

考虑到此次使用高分光比的 PON 系统，能够在较短的时间对已经覆盖了光缆的配电线路实现快速区域覆盖，为了最优化实现对光纤电路资源的利用，还应考虑合理安排 ODN 分光比的配置。根据配电网信息点随配电网线路链状串联的特点，采用非均匀分光 ODN，以保证配电通信网的灵活性和业务的扩展性。

（四） 配电自动化规划结果

规划区配电自动化规划图如图 5-81 所示。

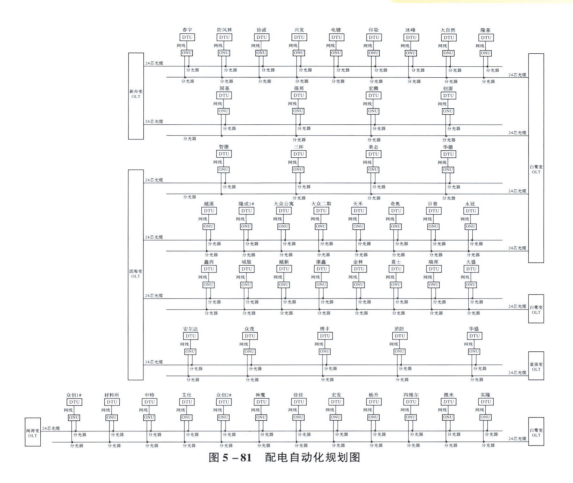

图 5 – 81　配电自动化规划图

十、过渡阶段规划方案

（一）平衡基团成熟度

根据平衡基团源、荷、储、充现状及与目标的差距，判断平衡基团的成熟度，判断依据如表 5 – 32 所示，平衡基团成熟度示意图见图 5 – 82，平衡基团成熟度统计表见表 5 – 33。

表 5 – 32　　　　　　　　　　　平衡基团成熟度判断

序号	源荷储充说明		权重（%）
1	源	现状占饱和负荷的百分比	45
2	荷	已装光伏 100%，没装 0%	45
3	储	已装光伏 5%，没装 0%	5
4	充	已装光伏 5%，没装 0%	5

图 5 – 82　平衡基团成熟度

表 5 – 33　　　　　　　　　　　　平衡基团成熟度统计表

基团编号	基团成熟度（%）	基团编号	基团成熟度（%）
1	81	29	36
2	40	30	48
3	80	31	75
4	90	32	80
5	25	33	67
6	0	34	36
7	66	35	72
8	38	36	36
9	35	37	74
10	36	38	80
11	33	40	36
12	33	41	52
13	36	42	68
14	35	43	65
15	69	44	30

基团编号	基团成熟度（%）	基团编号	基团成熟度（%）
16	38	45	10
17	75	46	10
18	40	47	0
19	76	50	33
21	33	51	36
22	41	52	48
23	40	53	38
24	80	54	75
25	75	55	41
27	77	56	44
28	36	57	68

（二） 供电单元成熟度

将供电单元内的平衡基团成熟度的平均值作为供电单元的成熟度，各供电单元成熟度如图 5 – 83 所示。

图 5 – 83 供电单元成熟度

（三） 改造时序

（1）改造时序：按照供电单元成熟度（见表5-34）进行排序，按照改造时序制定改造方案，逐步过渡到目标网架。

表5-34 供电单元成熟度统计表

供电单元编号	供电单元成熟度（%）	改造时序
1	72	1
2	41	6
3	45	4
4	55	3
5	60	2
6	31	7
7	43	5

（2）改造时序优化：定期对规划区平衡基团、供电单元的成熟度进行优化更新，同步更新改造时序。

表5-35 供电单元成熟度优化统计表

供电单元编号	优化前		优化后		备注
	供电单元成熟度（%）	改造时序	供电单元成熟度（%）	改造时序	
供电单元1	72	1	78	1	—
供电单元2	41	6	45	6	—
供电单元3	45	4	48	5	⬇
供电单元4	55	3	70	2	⬆
供电单元5	60	2	65	3	⬇
供电单元6	31	7	33	7	—
供电单元7	43	5	50	4	⬆

（四） 改造方案

1. 供电单元1改造方案

将强邦环网室环入蓝田、海涂-玉斌、东新双环中，如图5-84所示。

图 5 − 84　供电单元 1 改造示意图

2. 供电单元 2 改造方案

1）将隆基、大自然环网箱改接至城兴、城发－印染、春宇双环中；

2）将电镀、兴发环网室改接至城兴、城发－印染、春宇双环中；

3）新建春宇、印染环网室环入城兴、城发－印染、春宇双环中；

4）将白瓷、越瓷、联诚、华佳、丹阳、盐金、金亿线退出。

供电单元 2 改造示意图见图 5 − 85。

3. 供电单元 3 改造方案

1）将中特、众创 1 号环网室改接至众创、同天－电镀、滨三双环中；

2）将微米－中特环网室的电缆开断，微米与杨升、宏发环网室；

3）将复旦、吉研、漂四、漂二、漂园、针纺线退出。

供电单元 3 改造示意图见图 5 − 86。

4. 供电单元 4 改造方案

1）将日普环网室改接至永利、永达－南路－慈德双环中；

2）将越溪环网室改接至永利、永达－南路－慈德双环中。

供电单元 4 改造示意图见图 5 − 87。

5. 供电单元 5 改造方案

将美志、智德环网室改接至九恒、九塘－越滨、航直双环中，见图 5 − 88。

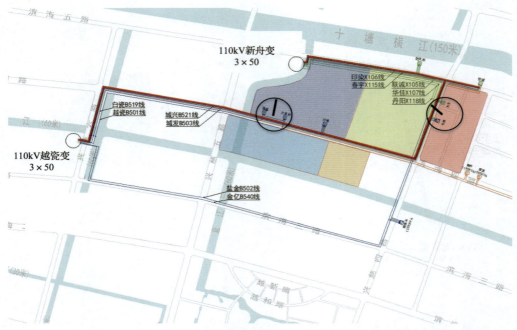

图 5 – 85　供电单元 2 改造示意图

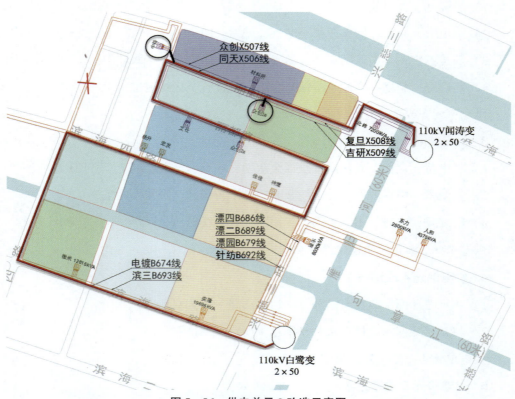

图 5 – 86　供电单元 3 改造示意图

图 5 – 87　供电单元 4 改造示意图

图 5 – 88　供电单元 5 改造示意图

6. 供电单元6改造方案

1）断开白鹭变 – 康鑫、喜士 – 日普环网室的线路；

2）建立康鑫环网室 – 喜士环网室之间的联络。

供电单元6改造示意图见图5 – 89。

图5 – 89 供电单元6改造示意图

7. 供电单元7改造方案

供电单元7现状已形成，改造示意图见图5 – 90。

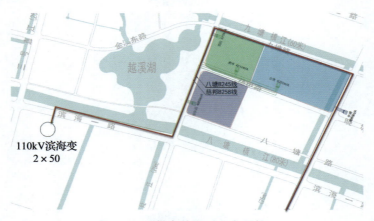

图5 – 90 供电单元7改造示意图

第六章

现代智慧配电网建设展望

本书详细介绍了在高质量推进现代智慧配电网建设背景下，地市公司如何通过数字化配电网规划建设的方法和技术响应国家新型电网转型升级的大背景和新要求，涵盖了从基础知识到具体应用的各个方面，具体内容如下。

现代智慧配电网的关键技术——数字化：分析了配电网发展动向与挑战、数字化配电网特征及内涵，列举重点技术方向。强调数字化配电网是利用数字化技术实现配电网的可观、可测、可调、可控和"互操作"与"数字孪生"，提升运行效率、安全性和可持续性。明确数字化配电网建设包含基础设施建设、信息通信技术应用、智能化应用开发和网络数据安全建设四个方面。

现代智慧配电网的实践基础——数字化技术创新与场景应用：分析了数字化配电网建设的物理基础，并重点研究了数字化配电网的电网物理基础，如基于集中－分布协调控制的新型电网形态（集中层、协调层、分布层）和钻石型配电网。同时介绍了数字化配电网规划层面的技术创新与场景应用开发情况。

现代智慧配电网的规划策略——数字化规划思路与流程：分析了传统规划思路在需求预测、电力电量平衡和网架规划方面的局限性，并提出了适应新型配电网的规划思路。根据规划思路明确了数字化电力需求预测方法、"源－网－荷－储－充"协同规划方法与配电网场景化规划方法。其中"源－网－荷－储－充"协同规划方法能够适应以变电站、线路为维度的新型配电网规划，配电网场景化规划方法能够适应以区域为维度的新型配电网规划。

现代智慧配电网的典型案例：以理论研究为基础，介绍数智化坚强配电网建设方法、源储充一体化新型配电网规划案例、高效互动新型配电网规划案例。

本书以现有建设经验与成果为基础介绍了当前阶段，现代智慧配电网建设的关键技术、实践基础与可用案例，期望能够为各类配电网规划人才及相关人员提供一定的启发，引发进一步的思考。但同时必须要提醒的是，随着电网智能化改造的加快，智能配用电设备的应用场景和规模都将得到大幅提升，现代智慧配电网建设所涉及的智能化转型、数字化转型方法与策略都将不断优化，形成涉及多部门、多技术、多阶段的系统性变革。希望本书能起到抛砖引玉之用，引导推动地市级公司在现代智慧配电网建设领域实现思路拓展和实践创新。

参 考 文 献

[1] 国家发展改革委，国家能源局 . 国家发展改革委 国家能源局关于新形势下配电网高质量发展的指导意见：发改能源〔2024〕187号〔A/OL〕.（2024 - 02 - 06）. https：//www. gov. cn/zhengce/zhengceku/202403/content_6935790. htm.

[2] 国家能源局 . 国家能源局关于加快推进能源数字化智能化发展的若干意见〔A/OL〕.（2023 - 03 - 28）. https：//www. gov. cn/zhengce/zhengceku/2023 - 04/02/content_5749758. htm.

[3] 国家发展改革委，国家能源局，工业和信息化部，市场监管总局 . 国家发展改革委等部门关于加强新能源汽车与电网融合互动的实施意见：发改能源〔2023〕1721号〔A/OL〕.（2023 - 12 - 13）. https：//www. gov. cn/zhengce/zhengceku/202401/content_6924347. htm.

[4] 邱实，金雍奥，王鹏宇，等 . 以服务"双碳"目标为战略引领 推动数智化坚强电网建设〔N/OL〕. 国家电网报，2024 - 01 - 18〔2025 - 01 - 06〕. http：//211. 160. 252. 154/202401/18/con - 717487. html.

[5] 国家电网报评论员 . 打造数智化坚强电网 加快构建新型电力系统〔N/OL〕. 国家电网报，2024 - 01 - 18〔2025 - 01 - 06〕. http：//211. 160. 252. 154/202401/18/con - 717488. html.

[6]《新型电力系统发展蓝皮书》编写组 . 新型电力系统发展蓝皮书〔M〕. 北京：中国电力出版社，2023：14 - 17.

[7] 董梓童，苏南 . 配电网数字化转型潜力十足——访中国电科院副总工程师、配电技术中心主任盛万兴〔N/OL〕. 中国能源报，2023 - 03 - 20〔2025 - 01 - 06〕. http：//paper. people. com. cn/zgnyb/html/2023 - 03/20/content_25972391. htm.

[8] 国家电网中国电力科学研究院有限公司 . 配电网数字化热点概念解析〔EB/OL〕.（2024 - 01 - 09）〔2025 - 01 - 06〕. https：//www. sohu. com/a/751823103_823256.

[9] 孙宏斌 . 能源互联网〔M〕. 北京：科学出版社，2020：186 - 192.

[10] 国网浙江省电力有限公司宁波供电公司 . 基于网上电网的配电网规划技术应用〔M〕. 重庆：重庆大学出版社，2024.

[11] 阮前途，谢伟，张征，等 . 钻石型配电网升级改造研究与实践〔J〕. 中国电力，2020，53（6）：1 - 7.

[12] 黄晓晖 . 配电网规划工作的数字化转型研究〔J〕. 能源与环保，2021，43（12）：185 - 190.

［13］吴兆顺．新型电力系统下""智慧配电网＋"的探索与实践［J］．现代工业经济和信息化，2023，13（10）：81－83.

［14］国家电网有限公司．配电网规划设计技术导则 Q/GDW 10738—2020［S］．北京：中国电力出版社，2021：13－15.

［15］徐嘉豪，汪泽原．新型电力系统及"双碳"下配电网规划技术及策略［J］．中国设备工程，2024（17）：203－205. DOI：10. 3969/j. issn. 1671－0711. 2024. 17. 084.

［16］潘麟，李海生，程磊，等．基于泛在电力物联网的主动配电网规划技术研究［J］．中国科技投资，2022（34）：31－33. DOI：10. 3969/j. issn. 1673－5811. 2022. 34. zgcytzygkj202234011.

［17］徐文龙，苑首斌．基于泛在电力物联网的主动配电网规划技术研究［J］．中国科技投资，2021（8）：119，135.

［18］肖振锋，辛培哲，刘志刚，等．泛在电力物联网形势下的主动配电网规划技术综述［C］//2019 泛在电力物联网关键技术及应用研讨会论文集. 2019：43－48.

［19］马丽华．配电网规划技术在能源互联城市电网中的应用分析［J］．百科论坛电子杂志，2021（9）：2865. DOI：10. 12253/j. issn. 2096－3661. 2021. 09. 2849.

［20］汪超．基于"双Q理论"的配电网单元制规划技术研究［D］．华北电力大学，2017. DOI：10. 7666/d. Y3262597.

［21］冯灿．基于配电网现状的电网规划技术研究［J］．区域治理，2020（38）：179. DOI：10. 3969/j. issn. 2096－4595. 2020. 38. 148.